AF411292

# EXPOSÉ

# DES APPLICATIONS

## DE L'ÉLECTRICITÉ.

Imprimerie de A. LECAUF, rue des Corderies, 27, à Cherbourg.

# EXPOSÉ

### DES

# APPLICATIONS

## DE L'ÉLECTRICITÉ,

### PAR

## M. Th. du MONCEL.

**Premier Volume.**

APPLICATIONS PHYSIQUES ET MÉCANIQUES.

**PARIS,**
Librairie de L. HACHETTE et Cie.,
RUE PIERRE-SARRASIN. 14,
(Près de l'École-de-Médecine.)
1858.

# INTRODUCTION.

Il est dans le monde savant deux classes de personnes dont les lumières mises en commun pourraient
donner à la science, et surtout à ses applications,
l'impulsion la plus heureuse, mais qui, malheureusement, au lieu de se rendre justice, tendent à se
déprécier réciproquement. Les uns sont les théori-
ciens proprement dits, les autres sont les exécutants,
ou plutôt ceux qui appliquent. A entendre ces derniers, les savants ne savent rien, parce qu'ils n'ont
pas passé par tous les détails minutieux de l'exécution, et qu'ils n'ont vu les questions que sous un seul
aspect. A entendre les autres, ceux qui appliquent
ne sont que des manœuvres qui n'ont pas d'idées; aussi
dans leurs ouvrages, il ne faut rien moins que la vo-
gue populaire pour les forcer d'entrer dans quelques
détails sur des applications qu'ils regardent comme
dénuées d'intérêt. Il est réellement déplorable de voir

cet antagonisme, cette partialité chez des hommes si bien faits pour s'entendre. Un peu d'amour-propre de moins de chaque côté, tout tournerait au profit du progrès, et faute de cela, chacun reste dans sa sphère avec ses routines et ses préjugés. Les uns et les autres pourtant ont leur mérite, et si on pouvait mesurer la dose d'intelligence dépensée par ceux qui appliquent et ceux qui trouvent le principe de ces applications, on verrait que la balance ne pencherait pas toujours d'un seul côté.

C'est dans cette conviction, et pour réparer, en ce qui concerne ma spécialité, la lacune regrettable que l'on peut remarquer dans tous les cours de physique à l'article des applications des sciences, que je publie aujourd'hui cet exposé des applications de l'électricité, applications excessivement nombreuses et qui, de jour en jour, prendront une nouvelle extension. Déjà, le sujet a été traité, quant à la télégraphie électrique et à la galvano-plastie, par plusieurs savants, amis comme moi du progrès partout où il se trouve. Mais aucun ouvrage n'a encore traité la question d'une manière générale comme je le fais aujourd'hui. D'ailleurs, la science fait des progrès de jour en jour, et une foule d'appareils nouveaux sont venus depuis quelques années fournir un appoint considérable aux listes publiées.

Dans un siècle où l'avenir est tout aux sciences;

dans un temps où chacun cherche à tirer parti des découvertes scientifiques, soit pour la gloire, soit pour la spéculation, il n'est pas sans intérêt de connaître ce qui a été fait dans telle ou telle partie de la science, ne serait-ce que pour se guider dans ses propres travaux.

Cet ouvrage s'adresse particulièrement aux mécaniciens, aux horlogers, aux ingénieurs, aux physiciens, aux chimistes, aux constructeurs d'instrumens de physique, aux armes savantes de l'armée, aux médecins, aux bronzeurs, doreurs, mouleurs, etc., enfin à toutes personnes amies des sciences et des progrès de la civilisation.

TH. DU MONCEL.

# EXPOSÉ

DES

# Applications de l'Électricité.

## Première Partie.

*Historique des principales découvertes faites dans l'électricité.*

Les découvertes qui se sont faites dans les sciences, depuis un demi siècle surtout, ont été si nombreuses et se sont succédé avec une telle rapidité que c'est en quelque sorte une étude que de les suivre dans leur marche progressive. Telle personne qui se trouvait à la hauteur de la science, il y a vingt ou trente ans, est tout étonnée lorsqu'elle lit par hasard quelque article scientifique, non-seulement de voir un horizon nouveau se développer devant-elle, mais de retrouver une langue presque nouvelle : c'est surtout dans les sciences chimiques et physiques que la métamorphose est la plus sensible. Mais s'il en est déjà ainsi quand on considère les sciences en elles-mêmes, que devra-t-on dire de leurs applications? Qu'auraient pensé nos pères si on leur avait annoncé, il y a cent ans, que des convois entiers de voyageurs et de marchandises seraient transportés avec une vitesse de

1

dix à quinze lieues à l'heure, à travers les entrailles de la terre, au-dessus des vallées, à travers les bras de mer même; que les navires pourraient lutter victorieusement contre vent et marée; que l'on pourrait correspondre d'un bout de la terre à l'autre aussi vite que la parole; que la nature se peindrait elle-même sur le papier; que la douleur pourrait être momentanément suspendue; qu'enfin des villes entières seraient éclairées par la combustion d'une substance invisible? Certes, ils auraient pu taxer de rêveur celui qui leur aurait annoncé toutes ces merveilles, et pourtant c'est ce que nous voyons aujourd'hui. Que ne verrons-nous pas encore?

Des différentes branches des sciences physiques, l'électricité est certainement celle qui a fait les progrès les plus rapides et dont les applications utiles ont été les plus nombreuses. Aujourd'hui c'est la question scientifique à l'ordre du jour et à l'ardeur avec laquelle on s'en occupe, on dirait que c'est une mine dont il va ressortir un monde de merveilles. Nous croyons en conséquence qu'il n'est pas sans intérêt d'actualité d'entrer dans quelques détails sur les principales découvertes et les applications qui se sont faites dans cette partie si neuve et pourtant si intéressante de la physique.

Lorsque nous entendons les éclats et les roulements du tonnerre; quand nous voyons le ciel sillonné par ces traits de feu que nous n'osons fixer qu'avec un certain effroi, nous avons peine à comprendre qu'un élément aussi terrible dans ses effets, et que nous croyons être en quelque sorte le partage exclusif du ciel, puisse se développer à côté de nous, suivant notre désir, dans telle proportion et avec telle intensité qu'il nous convient; enfin nous nous figurons difficilement que nous puissions disposer de la foudre pour l'asservir à nos besoins et à nos caprices.

Pourtant plusieurs moyens sont en notre pouvoir pour faire naître cet élément extraordinaire auquel on a donné le nom d'électricité; le frottement exercé sur certains corps, les réactions chimiques, la chaleur, la pression, la combustion, le fluide vital même et l'acte de la végétation développent de l'électricité et il ne s'agit que d'opérer avec un plus ou moins grand nombre de ces éléments producteurs pour obtenir cet agent physique avec une plus ou moins grande force, en plus ou moins grande quantité.

L'électricité peut se présenter à nous sous deux états complètement différents, du moins quant aux réactions extérieures : à l'état d'accumulation ou *statique*, et à l'état de mouvement ou *dynamique*. De là les dénominations d'électricité statique et d'électricité dynamique qui ont été employées pour désigner l'ensemble des phénomènes électriques qui se rapportent à l'un ou à l'autre de ces deux états.

I

## Électricité statique.

Quand l'électricité statique est développée dans de faibles proportions, elle ne manifeste sa présence que par certains phénomènes d'attraction qu'elle exerce sur les corps légers ou très divisés. Ainsi quand on frotte avec un morceau de drap certaines substances, telles que l'ambre, le verre, la résine, le soufre, etc., et qu'on les approche de petits morceaux de papier ou de moële de sureau, on voit ceux-ci se précipiter immédiatement sur le corps frotté, y rester quelques instants adhérents, puis s'en détacher et retomber à terre. Cet effet avait été observé par les Grecs plus de 600 ans avant J.-C., et la cause en fut appelée par eux *électricité*, mot qui en grec se rapporte à la substance appelée *ambre*, sur laquelle le phénomène avait été pour la première fois observé.

Jusqu'au XVII<sup>e</sup> siècle, ces attractions électriques et les répulsions qui en sont la conséquence, furent la seule manifestation de l'électricité; mais, à cette époque, Otto de Guericke, physicien Allemand, celui-là même qui découvrit, simultanément avec Galilée, la pesanteur de l'air et la machine pneumatique, ayant obtenu pour la première fois l'étincelle électrique ou plutôt une traînée lumineuse accompagnée d'un grand dégagement d'électricité (1), tous les physiciens de l'époque se mirent à étudier les propriétés de ce nouvel agent physique, avec d'autant plus d'ardeur qu'il semblait, jusqu'à un certain point, expliquer beaucoup de phénomènes extraordinaires consignés dans l'histoire et demeurés jusque-là (2) dans le domaine du merveilleux.

Ce furent Gilbert, médecin anglais, et Gray, physicien du même pays, qui firent le plus fructifier dans ce temps la découverte d'Otto de Guericke; le premier, en collationnant et en expliquant tous les faits épars qui pouvaient avoir trait à ce genre de phénomènes, l'autre, en découvrant que les corps conducteurs qui ne prennent pas d'électricité quand on les frotte, peuvent cependant en prendre d'une autre manière, et voici comment il s'en aperçut: après avoir électrisé un tube de verre ouvert par les deux bouts, Gray voulut s'assu-

(1) L'appareil d'Otto de Guericke consistait en un globe de souffre, monté sur un axe horizontal, auquel il imprimait un mouvement de rotation, tandis qu'un frottoir était appliqué sur la surface du globe. Le frottement qui en résultait produisait un dégagement d'électricité assez considérable pour qu'il fût accompagné d'une traînée lumineuse.

(2) On trouve ce passage remarquable dans les commentaires de César: « Vers ce temps-là, parut dans l'armée de César un phénomène extraordinaire; au mois de février, vers la seconde veille de la nuit, il s'éleva subitement un nuage épais suivi d'une pluie de pierres; les pointes des piques de la cinquième légion parurent s'enflammer. » *(De Bello Africano, caput VI).* Ce phénomène est connu maintenant sous le nom de feux Saint-Elme.

rer s'il obtiendrait les mêmes résultats en fermant le tube
avec un bouchon de liége, car, à cette époque, la science
était si peu avancée que l'on essayait de tout au hasard, on
n'avait rien pour se conduire, pas même un système. Or, en
faisant l'expérience, Gray s'aperçut avec un grand étonnement que le bouchon lui-même était devenu électrique, tandis qu'il ne l'est jamais quand on le frotte directement. Une
tige de métal, plantée dans le bouchon, devint électrique
comme lui, une tige plus longue le devint également, et
l'habile observateur ne se lassait pas de répéter des expériences aussi curieuses. Voyant qu'il ne pouvait pas, dans son
cabinet, ajuster au bouchon des tiges assez longues, il imagine de monter au premier étage et de suspendre à son tube
électrisé un fil de métal descendant jusqu'au sol. Il frotte le
tube, et un de ses amis présente des corps légers à l'extrémité
du fil; chose surprenante! les corps légers y sont vivement
attirés; on répète l'expérience au second, au troisième étage,
et toujours avec le même succès. Il en conclut naturellement
que les métaux avaient la propriété de transmettre l'électricité, et que puisqu'ils la transmettaient instantanément, il
fallait que l'électricité fût une espèce de fluide qui passât du
verre au métal et se répandît instantanément sur toute la
surface.

C'est ainsi qu'en 1727 fut découverte la plus importante
des propriétés des corps par rapport à l'électricité; propriété
qui les classe en deux catégories: *corps bons conducteurs*
et *corps mauvais conducteurs* de l'électricité.

Cette découverte importante fut bientôt suivie d'une autre
plus importante encore, sous le rapport de l'action physique
en elle-même : celle de la bouteille de Leyde, par Mussembrock, en 1746. Elle démontra non-seulement que l'électricité développée sur un corps mauvais conducteur, pouvait
agir à distance et à travers les substances les plus dures,

mais encore que deux corps pouvaient avoir leur électricité maintenue l'une par l'autre, quand l'un d'eux avait été électrisé primitivement et qu'un corps mauvais conducteur ou *isolant* était interposé entre eux. Dès lors on put former des *condensateurs* de toutes espèces et de toutes grandeurs, et accumuler ainsi de grandes charges électriques au moyen desquelles il fut facile de constater d'une manière sensible, les propriétés de l'électricité. En un mot, l'électricité *par influence* venait d'être révélée dans cette découverte, et l'on commença à se rendre compte des phénomènes de la foudre.

Bien que la différence des effets électriques des substances résineuses ou vitrées ait été constatée dès les premiers moments de la découverte du fluide électrique, par suite des réactions réciproques des corps qui les avaient subis, ce ne fut qu'assez tard, vers 1733, que Dufay, physicien français, admit que tous les corps de la nature possèdent deux électricités différentes, dont les effets extérieurs sont diamétralement opposés, mais dont les rapports réciproques sont tels, que l'une attire l'autre et se repousse elle-même. La conclusion en fut que quand les corps sont à l'état naturel, leurs électricités se trouvent neutralisées l'une par l'autre et que par conséquent, leur présence ne peut être accusée que quand une cause étrangère agit en opérant leur séparation. Or, à cette époque, le frottement était regardé comme la seule et unique cause étrangère qui pouvait avoir action sur les électricités des corps, et l'on disait, ce qui, du reste, est encore vrai maintenant, que parmi les corps de la nature il en est, et ce sont les corps *non conducteurs*, qui peuvent retenir quelque temps à leur surface l'une des deux électricités après que l'autre a été enlevée par le corps frottant, tandis que chez les autres, leur recomposition suit de tellement près leur séparation qu'on ne peut trouver aucun indice de leur présence. De là, le nom de *corps isolants* donné aux premiers, et de *corps conducteurs* donné aux autres.

Francklin qui commençait alors ses beaux travaux sur l'électricité, voulant simplifier cette théorie, prétendit qu'il n'y avait qu'une seule électricité et que ses effets n'étaient diamétralement opposés, quand on la faisait naître sur le verre ou sur la résine, que parce qu'elle se trouvait en plus ou en moins dans les corps. De là, le nom d'électricité *positive* donné à l'électricité vitrée, et celui d'électricité *négative* donné à l'électricité résineuse.

Ce fut peu de temps après l'invention de la bouteille de Leyde, que Francklin fit sa magnifique découverte du *pouvoir électrique des pointes* qui créa une nouvelle voie à la science électrique, et fut le prélude d'une des plus utiles inventions des temps modernes, le *paratonnerre*.

Mais une chose assez curieuse, c'est qu'en ce moment où la science était encore si peu avancée, Francklin se méprit lui-même sur sa découverte et attribua à une *affinité d'entrée pour l'électricité*, ce qui n'était qu'une *facilité de sortie*. Ainsi, il croyait que l'électricité développée sur un corps placé dans le voisinage d'une pointe métallique, était attirée par cette pointe, tandis, qu'au contraire, cette électricité n'agit que par influence sur le métal de la pointe en attirant à elle l'électricité de nom contraire qui, par ce moyen, s'écoule librement et en repoussant, dans le conducteur, l'électricité de même nom. Toutefois, comme le résultat est le même dans une hypothèse comme dans l'autre, le pouvoir des pointes fut immédiatement appliqué aux machines électriques, qui furent dès-lors garnies de conducteurs métalliques isolés, espèces de réservoirs où vient s'emmagasiner l'électricité et qui peuvent la fournir directement sans condensateurs, en assez grande quantité.

Dire ce que cette découverte rapporta à la science, ce serait énumérer toutes les découvertes qui se sont faites depuis ce moment dans l'électricité statique; car ce fut seulement alors que les instruments furent construits, de manière à ne pas présenter de surfaces anguleuses et à être véritablement en rapport avec le but qu'on se proposait dans les expériences.

Ainsi, grâce à la découverte d'Otto de Guericke, qui démontra que l'électricité était un fluide particulier comme la lumière et la chaleur, et qui attira l'attention des savants sur un phénomène observé sans fruit depuis plus de 2,000 ans; grâce à la découverte de Gray, qui trouva que l'électricité pouvait se transmettre instantanément d'une extrémité à l'autre d'un corps conducteur par le simple contact; grâce à l'invention de Mussembrock, qui constata un nouveau mode d'action de l'électricité, le mode d'action par influence; grâce, enfin, à Francklin, qui démontra que les corps électrisés laissaient écouler leur électricité par les pointes, la science électrique fit de tels progrès qu'en moins d'un siècle elle constitua une des branches les plus curieuses de la physique, et comprit à peu près tous les phénomènes qui avaient rapport à ce genre de manifestations de l'électricité que l'on a désignées sous le nom d'*électricité statique* ou de *tension*, parce qu'effectivement, après s'être déplacées, les électricités des corps se trouvent accumulées et à l'état de repos sous l'action de la cause qui leur a donné naissance; il était réservé à notre siècle d'entrer dans une nouvelle voie bien plus fertile encore en merveilles et cette voie a été ouverte par *Volta !...*

## II.

### Électricité dynamique.

À quoi tiennent pourtant les choses de ce bas monde !.... C'est en suspendant par hasard au balcon de sa fenêtre des grenouilles qu'il venait de disséquer, que Galvani, médecin à Bologne, découvrit, en 1789, l'existence de l'électricité dynamique et préluda ainsi à l'une des plus belles découvertes des temps modernes, la *pile électrique*. Pour un homme ordinaire, les phénomènes de contraction qu'il observa dans les muscles de ces grenouilles ainsi suspendues n'aurait que faiblement attiré l'attention, et on se serait contenté de quelque raison spécieuse, quasi-philosophique, qui n'aurait conduit à aucun examen sérieux de la question; mais, pour un observateur aussi habile que Galvani, la perception du phénomène fut un trait de lumière qui lui fit entrevoir dès le premier moment un avenir de découvertes. Il examina alors avec une scrupuleuse attention les conditions dans lesquelles s'était manifesté le phénomène et s'assura d'abord qu'il n'avait lieu que quand les muscles étaient en contact avec le fer du balcon; en second lieu, il reconnut que le crochet de cuivre qui les suspendait était attaché entre les nerfs lombaires et la colonne dorsale de chaque grenouille. Sa première pensée fut d'admettre dans les corps vivants la préexistance d'un fluide particulier auquel il donne le nom de fluide *galvanique;* mais comme il avait, par des expériences antérieures, observé l'effet de l'électricité sur des grenouilles mortes ou mutilées, l'idée lui vint bientôt que ces phénomènes de contraction étaient dus au fluide électrique; mais pour en expliquer l'action, qui ne se manifestait qu'au double contact métallique, il admit que certains organes des corps vivants possédaient une électricité, que d'autres organes possédaient l'électricité contraire, et que ces électricités se trouvaient maintenues en présence, de la même manière qu'elles le sont dans les deux armures d'une bouteille de Leyde. Dès lors, la communication métallique entre ces deux sortes d'organes donnait lieu à une recomposition des deux électricités, c'est-à-dire à une décharge électrique qui agissait en contractant ces organes.

Cette découverte agita en ce moment à tel point le monde savant que les expériences de Galvani furent répétées dans toute l'Europe. La plupart admettaient l'hypothèse de Galvani, d'autres croyaient découvrir dans ce fait l'explication de la *vie* et voyaient déjà le couronnement des doctrines matérialistes si ardemment prêchées à cette époque. Parmi ces savants, Volta, professeur à Pavie, sans partager l'opinion de Galvani, admirait beaucoup sa découverte; mais en l'étudiant sous toutes ses faces, il s'aperçut qu'un détail d'expérimentation avait été omis dans les déductions théoriques de Galvani, et il prétendit que ce détail à lui seul pouvait expliquer la création de l'électricité produite. Ce détail était l'intervention de deux métaux différents unis par le contact. En vain lui représenta-t-on qu'un arc composé d'un seul métal donnait lieu au même phénomène. Volta opposa à cette objection que l'effet était beaucoup plus marqué quand l'arc était composé de deux métaux différents, et que si le phénomène avait lieu avec un seul métal, cela tenait à ce qu'il n'y avait pas de métaux parfaitement purs : la preuve, c'est qu'il suffisait de frotter les extrémités de l'arc composé d'un seul métal sur un autre métal, pour rendre le phénomène plus sensible. En définitive, sa théorie prévalut, surtout quand, pour prouver la vérité de son hypothèse, il imagina *sa pile*.

Dans ce temps où la connaissance de l'influence des réactions chimiques sur la production de l'électricité était encore à naître, on cherchait toujours à expliquer les phénomènes nouveaux avec les éléments déjà connus, et Volta, par son hypothèse, faisait une révolution dans la science. Cependant, l'étude plus approfondie qu'on fit plus tard des phénomènes de l'électricité dynamique, prouva que de même que Franklin, Volta s'était mépris en quelques points sur sa découverte, et que Galvani, sans s'en douter, était plus rapproché de la vérité, du moins en ce qui concerne l'existence des fluides électriques développés chez les animaux. En effet, M. Matteuci est parvenu à faire une pile voltaïque, en supperposant les uns sur les autres des muscles d'animaux en nombre suffisamment grand.

Pour expliquer la production de l'électricité par le contact de métaux différents, Volta admettait l'existence d'une certaine *force électro-motrice* qui devait se développer au moment de ce contact et qui agissait comme le frottement, en décomposant les fluides électriques des métaux, de telle manière que l'un se chargeât d'électricité positive et l'autre d'électricité négative. Il observa de plus, et c'est là véritablement la partie essentielle de sa découverte, qu'en empilant, couple par couple, dans le même ordre, un certain nombre de disques métalliques de différente nature, par exemple, 50 disques de cuivre et 50 disques de zinc, et en séparant chaque couple par une rondelle de drap humide, on accumulait sur les deux disques extrêmes tous les effets électriques de chaque couple en particulier ; il en conclut naturellement que plus cette pile ainsi formée aurait *d'éléments* ou de couples, plus il obtiendrait de charge électrique et qu'en réunissant ces deux éléments extrêmes, auxquels il donna le nom de *pôles,* par un conducteur métallique , on devait obtenir une décharge électrique incessante, puisque la cause qui développait la force électro-motrice était permanente. Ce fut ainsi que, sans s'en douter, dans l'origine et dans le but de soutenir son hypothèse contre la théorie de Galvani, que Volta dota le monde d'une des plus belles découvertes de la science moderne.

Depuis la pile à colonnes de Volta, qui fut le point de départ de toutes les découvertes faites dans l'électricité dynamique, on a fait bien des espèces de piles. La pile à auges, la pile de Wolaston, la pile à hélices et la pile sèche de Zamboni en furent les premières modifications. Mais les perfectionnements les plus importants ne lui ont été apportés que quand on a pu constater l'influence des réactions chimiques dans la production de l'électricité. Dès lors, abandonnant la théorie de Volta, on fit des piles à deux liquides, et ces piles si énergiques, si constantes dans leur action, furent substituées avec infiniment d'avantages à leurs aînées dans toutes les expériences et les applications qu'on pouvait en faire. Ces sortes de piles sont assez nombreuses et ont des propriétés différentes. Ainsi, celles de Buntzen produisent beaucoup d'électricité, mais elles sont très-dispendieuses, tandis que celles de Daniell, qui sont très-économiques, ont le grand mérite, quand il ne s'agit que de très-petits effets, d'être d'une régularité parfaite et d'agir quelquefois des semaines entières sans qu'on s'en occupe. Toutes ces piles, d'ailleurs, reposent sur ce principe découvert il y a seulement quelques années; que dès-lors qu'une réaction chimique s'effectue, il y a dégagement d'électricité : dégagement d'électricité positive par certains corps appelés *électro-négatifs*, comme l'oxygène, lorsqu'il y a combinaison : alors le corps avec lequel ils se combinent se trouvent chargés d'électricité négative, puis dégagement d'électricité négative par certains autres corps appelés *électro-positifs*, comme hydrogène, au moment de leur combinaison avec d'autres corps qui se trouvent alors chargés d'électricité positive. Il en résulte que pour une décomposition chimique, le dégagement électrique s'opère d'une manière complètement inverse.

Jusqu'ici nous avons parlé de l'électricité de la pile ou de l'électricité dynamique, sans nous rendre bien compte de sa nature. Il y a pourtant une bien grande différence entre la manifestation extérieure de ce genre d'électricité et celle de l'électricité statique que nous avons étudiée dans le précédent article. Quand ce fluide est à l'état statique, il se développe à

la surface des corps conducteurs suffisamment isolés, et en
raison de son état de tension, il cherche toujours à les abandonner pour se porter à droite et à gauche sur les corps les
plus voisins. Mais quand il se manifeste à la suite d'une
action chimique comme celle accomplie par la pile, cette
mobilité et cette tension n'existent plus, et il faut, pour
constater la présence de ce fluide, qu'on unisse les deux
pôles qui le font naître à l'état positif et à l'état négatif par
un conducteur métallique. Alors, les recompositions inces-
santes qui se manifestent donnent lieu à un courant qui
marche toujours du pôle positif au pôle négatif de la pile.
De là le nom d'électricité *dynamique* ou d'électricité en
*mouvement* donné à l'électricité développée dans la pile.

A l'époque de la découverte de la pile de Volta, la chimie
venait de sortir du domaine des alchimistes, et commençait
à former une science importante, par suite des magnifiques
travaux de Lavoisier, de Fourcroy et de Davy. Tous les
savants du temps en étaient plus ou moins préoccupés, et,
en conséquence, ce fut elle qui reçut les premières applications des effets de la pile. Bientôt (en 1800) l'eau fut décomposée sous l'action du courant voltaïque, par MM. Carlisle et
Nicholson. On reconnut ensuite l'influence différente exercée
par les deux pôles de la pile par rapport aux acides et aux
alcalis; mais ce ne fut que quand Davy décomposa la potasse,
qu'on jugea de la puissance de cet élément extraordinaire.

Dès-lors, on ne douta plus d'aucune décomposition chimique, et les découvertes successives du principe métallique
des bases salifiables, regardées jusque-là comme corps simples, justifièrent pleinement cette prévision. Une seule de
ces bases avait échappé à Davy, c'était l'ammoniaque. Mais,
en 1808, Seebeck, de Berlin, trouva également son principe
simple, auquel il donna le nom d'*ammonium*, quoique ce
principe simple fût, comme le *cyanogène*, un principe lui-
même composé.

Plus tard, les différentes et nombreuses découvertes faites par MM. Faraday, Bequerel, de La Rive, Schombein, firent des réactions électro-chimiques une science des plus fertiles en applications utiles dont nous aurons occasion de parler quand nous en serons à la *galvanoplastie*.

Jusqu'en 1820, époque à laquelle Œrsted fit sa magnifique découverte des réactions magnétiques des courants, les effets physiques de la pile furent peu étudiés et consistaient simplement dans les phénomènes de lumière et de chaleur qui se produisent quand on fait passer le courant d'une pile extrêmement forte entre deux pointes de charbon très-serré, encore ne s'en était-on rendu que médiocrement compte, puisqu'on attribuait à la combustion ce qui n'était en grande partie que le transport des molécules charbonnées par le courant : la preuve, c'est qu'en plaçant ces charbons dans le *vide* ou dans l'*eau*, l'usure ne s'en fait pas moins avec dégagement de lumière, bien que la combustion ne puisse alors avoir lieu.

Du reste, c'est même à ce transport des particules charbonnées par le courant que la lumière électrique doit tout son éclat, et cela, parceque la flamme, quelle qu'elle soit, n'est pas lumineuse par elle-même et serait invisible sans la présence de particules matérielles qu'elle chauffe au rouge blanc et qu'elle entraîne toujours plus ou moins avec elle. En effet, l'hydrogène et l'alcool ont une flamme à peine visible ; mettez au milieu de cette flamme une éponge de platine et vous aurez de la lumière.

Les perfectionnements apportés dans ces derniers temps à la lumière électrique ont été très nombreux, et l'on peut maintenant, au moyen de régulateurs convenablement disposés, obtenir une lumière continue d'une intensité égale à plusieurs centaines de becs de gaz ; elle pourra même peut-être un jour remplacer le gaz lui-même pour l'éclairage des villes; mais pour le moment actuel, ses applications les plus plus importantes seraient pour les phares, la navigation de mer et de rivière, pour la défense des villes assiégées et pour les travaux sous-marins; je ne parle par des applications qui en ont été faites dans les expériénces publiques de physique et les représentations théâtrales, car tout le monde a pu en juger.

Puisque c'est à l'excessive chaleur développée par le courant voltaïque, quand il passe à travers le charbon, que la lumière électrique doit tout son éclat, on peut juger par elle des effets calorifiques que l'on peut obtenir. Aucuns métaux ne peuvent y résister, et le platine lui-même est volatilisé.

# III.

## Magnétisme.

La connaissance des phénomènes de l'attraction du fer par les aimants est d'une date au moins aussi ancienne que celle des phénomènes électriques, et comme ces effets ne se manifestaient alors que sous l'influence d'un certain minerai de fer que l'on trouvait particulièrement à Magnésia, ville de Lydie, on leur donna le nom de phénomènes magnétiques. Platon parle de la pierre d'aimant dans plusieurs de ses dialogues, et Pline rapporte qu'un certain Dinacorés proposa à Ptolémée Phyladelphe de bâtir à Alexandrie, un temple dont la voûte garnie de pierres d'aimant soutiendrait en l'air une statue d'Arsinoé.

Sans nous arrêter aux hypothèses absurdes qui ont été émises dans l'antiquité pour expliquer les effets magnétiques, nous nous bornerons, pour le moment, à dire que tout aimant, par cela même qu'il est aimant, possède aux deux extrémités de son plus grand diamètre, deux pôles ou centres d'action magnétique dont l'effet sur le fer peut être identique, mais dont les réactions sur le même pôle d'un autre aimant sont diamétralement opposées. Dans un cas, en effet, il y a une attraction très marquée, tandis qu'il y a répulsion dans l'autre.

Longtemps ces attractions et ces répulsions furent regardées comme la seule manifestation du magnétisme, mais la découverte, dans le XVI<sup>e</sup> siècle, des propriétés de l'aiguille aimantée attira l'attention des savants sur cet agent physique, et bientôt on reconnut que les pôles des aimants qui étaient de même nature, par exemple, ceux qui se dirigeaient vers le Nord quand les aimants étaient librement suspendus, se repoussaient quand ils étaient exposés à leur action réciproque. Au contraire, il y avait attraction quand cette action réciproque s'exerçait entre des pôles de nom contraire. Dès lors, on assimila le globe terrestre à un vaste aimant, et l'on en conclut que la direction vers le Nord de l'aiguille aimantée venait tout naturellement de ce que le fluide magnétique du pôle boréal de la terre était de nom contraire à celui de l'aiguille qui se trouvait dirigé vers lui. Par assimilation, on donna aux pôles des aimants, pour les distinguer, le nom de pôle austral ou de pôle boréal, suivant leur direction vers le Nord ou vers le Sud.

Une étude plus approfondie des phénomènes magnétiques démontra, entre eux et les phénomènes électriques, une analogie frappante qui fit admettre, comme l'avait supposé Dufay, pour l'électricité, la co-existence de deux fluides magnétiques de nom contraire, dans les corps susceptibles d'aimantation ; mais la répartition *non absolue* de ces fluides aux deux pôles des aimants, embarassa beaucoup les savants, et il fallut compliquer l'hypothèse de Dufay de cette autre hypothèse, que les fluides magnétiques ne

pouvaient, comme les fluides électriques , se déplacer en
totalité, mais seulement de proche en proche par voie de
décompositions successives , de molécule à molécule.

Il résulte de cette hypothèse que toutes les molécules qui
composent un aimant sont autant d'aimants individuels,
dont les effets extérieurs se trouvent neutralisés les uns par
les autres, mais qui réagissent à travers leur substance, de
manière à renforcer, dans les deux sens opposés, leur vertu
magnétique, et à accumuler vers les extrémités du barreau
(du moins jusqu'à une certaine limite qui dépend de la résistance apportée par la matière à cette action) toute l'énergie
dont ils sont susceptibles.

Les réactions réciproques des aimants ayant été ainsi constatées et le magnétisme terrestre reconnu, il devint facile
de se rendre compte de l'attraction exercée par les aimants
sur le fer doux et même de la formation des aimants au sein
de la terre. On trouva en effet que le magnétisme, comme
l'électricité, se transmettait par influence et que le fer, sous
l'influence d'un aimant, devenait lui-même un aimant. Dès
lors, le phénomène de l'attraction du fer se réduisait à un
simple phénomène de réactions magnétiques échangées entre
deux aimants. Toutefois, ce phénomène est plus compliqué,
et par le Mémoire qu'on pourra lire à la fin de cet ouvrage ,
on verra que dans le magnétisme, comme dans l'électricité ,
il y a des effets statiques et des effets dynamiques qui sont
très-différents et qui se manifestent presque toujours simultanément. Cette théorie nouvelle, que j'ai en quelque sorte
créée, explique tous ceux des phénomènes magnétiques regardés bien à tort comme des anomalies; car toute action
physique doit subir les réactions des effets qu'elle produit (1).

(1) Voir mon Mémoire sur le magnétisme statique et dynamique
dans les *Comptes rendus* de l'Académie des Sciences , année 1852.

Pour expliquer la permanence du magnétisme dans certains corps et sa présence momentanée dans d'autres, on a du admettre l'intervention d'une certaine force coërcitive dont les corps seraient tous doués à un degré plus ou moins grand, suivant leur nature et surtout suivant leur disposition moléculaire. Or, cette force coërcitive aurait pour propriété de s'opposer à la recomposition des fluides magnétiques et de maintenir l'effet produit, quand la cause aimantante n'existe plus.

Bien qu'on n'ait pu définir bien nettement cette force et que nous ignorions encore totalement qu'elle elle peut être, on a pu cependant apprécier les différents cas dans laquelle on peut le faire naître. Ainsi, on sait que la trempe de l'acier le rend susceptible de conserver son aimantation; que des actions mécaniques ou des actions chimiques, telles que la torsion, le limage, la percussion, l'oxydation, donnent au fer la même propriété, puisqu'il peut, de cette manière, s'aimanter sous l'influence du magnétisme terrestre. On connaît encore le moyen de détruire cette force dans ceux des corps qui le possèdent. Ce moyen, c'est la chaleur. Mais une série de faits nouveaux sont venus, dans ces derniers temps, tellement compliquer la question, que non-seulement il est devenu difficile de préciser la nature de cette force, mais encore d'en expliquer les effets. Quoiqu'il en soit, il paraît certain que c'est à l'oxydation du fer au sein de la terre, oxydation qui a pu fixer le magnétisme développé dans le fer, sous l'influence du magnétisme terrestre, que les aimants naturels, qui ne sont autre chose qu'un minerai de fer, ont pu se former.

Il n'y a pas longtemps encore que tous les phénomènes magnétiques connus se bornaient aux effets échangés entre les aimants et certains corps, tels que le fer, l'acier, le nickel, le cobalt, le chrôme, le manganèse regardés alors comme les seuls et uniques corps véritablement magnétiques. Aujourd'hui l'on est entré dans une nouvelle voie et l'on a reconnu que de même que certains corps étaient attirés par les aimants, de même certains autres étaient repoussés. Bien plus même, on a pu constater que l'état métallique n'était pas une condition indispensable pour que ces phénomènes d'attraction et de répulsion pûssent se manifester, et que tous les corps, soit solides, soit liquides, soit gazeux, devaient tous être plus ou moins impressionables, (d'une manière ou de l'autre) aux aimants. On a donc dû classer les corps, par rapport au magnétisme, en les disant *para-magnétiques*, lorsqu'ils sont attirés, et *dia-magnétiques*, lorsqu'ils sont repoussés.

Cette nouvelle mine ouverte à la science en 1848, par M. Faraday, a été exploitée avec beaucoup de succès par MM. Ed. Becquerel et Plucker, et il est résulté de leurs savantes recherches que la plupart des corps de la nature ne peuvent être para-magnétiques ou dia-magnétiques d'une manière absolue, mais seulement d'une manière relative dépendant du milieu dans lequel ils se trouvent. Certains corps peuvent être même à la fois para-magnétiques et dia-magnétiques sous certaines conditions dépendant d'un agent physique en apparence complètement étranger au magnétisme; ainsi plusieurs cristaux peuvent être para-magnétiques ou dia-magnétiques suivant qu'ils sont positifs ou négatifs, ce qui peut faire supposer dans ce cas que la manière dont s'exerce l'induction magnétique est soumise à des lois de polarisation analogues à celles de la lumière (1).

## IV.

### Électro-magnétisme.

S'il est une découverte qui, par son importance, puisse

(1) Voir les lois du magnétisme dans les résumés de mon *cours d'électricité* et mon Mémoire sur le magnétisme statique et dynamique.

être comparée à celle de la pile, c'est bien certainement celle que fit, en 1820, Œrsted, physicien danois, des réactions magnétiques des courants électriques. Toutes les applications mécaniques de l'électricité en sont la conséquence.

En faisant des expériences d'électricité voltaïque dans le voisinage d'aiguilles aimantées, Œrsted s'aperçut qu'elles étaient vivement agitées, et le phénomène lui parut d'autant plus extraordinaire qu'aucuns morceaux de fer ne se trouvaient dans le voisinage, et, d'ailleurs, s'en serait-il trouvé, que ces aiguilles auraient pris bientôt une position d'équilibre qui n'aurait pu être rompue que par l'enlèvement de ces pièces. Or, comme il était parfaitement sûr de n'avoir touché à aucuns corps de ce genre, il en conclut que le courant électrique lui-même avait une action directe et immédiate sur le magnétisme des aiguilles. Pour s'en assurer d'une manière plus complète, il plaça une de ces aiguilles en équilibre sur un pivot et en approcha le conducteur d'un circuit voltaïque parallèlement à sa direction ordinaire, c'est-à-dire, suivant la ligne nord-sud. Qu'elle fut sa satisfaction, quand il vit cette aiguille abandonner immédiatement sa direction et venir se placer en croix sur le courant ! Il n'y avait donc plus à s'y méprendre ; une action mécanique pouvait être obtenue par le passage du courant dans un conducteur métallique, et cette action, quelque faible qu'elle fût, pouvait être la source d'une foule d'applications de la plus haute importance. C'est ce qu'entrevit aussitôt Œrsted ; aussi, s'empressa-t-il d'en donner immédiatement connaissance au monde savant.

Deux expériences qui furent la suite de cette découverte fournirent d'abord une application immédiate des réactions magnétiques des courants pour la mesure de leur intensité. On constata, en effet, que cette tendance de l'aiguille aimantée à se mettre en croix sur le courant était d'autant

plus grande que celui-ci était plus intense , et que le circuit
en se repliant sur lui-même, passait un plus grand nombre
de fois dans le même sens à portée de l'aiguille. On en conclut
naturellement qu'en enroulant sur un cadre de bois un fil
d'une très grande longueur, recouvert de soie, et en plaçant
au-dessus de l'un des côtés du cadre une aiguille librement
suspendue, on devait obtenir un instrument, non-seulement
susceptible de mesurer l'intensité des courants, mais encore
d'accuser leur existence quand ils sont très-faibles. C'est, en
effet, ce que l'expérience démontra, et c'est ainsi que furent
inventés, par M. Schweiger, les galvanomètres. Toutefois,
à cause de leur sensibilité, ces appareils ne pouvaient convenir qu'à des courants de très-faible intensité, et comme il
était important d'avoir des instruments susceptibles de mesurer des courants assez forts, il vint à l'idée de M. Pouillet
de faire construire des *rhéomètres*, auxquels il donna le
nom de *boussole des sinus* et de *boussole des tangentes*.
C'est à l'aide de ces instruments que cet habile physicien découvrit simultanément, avec Ohm, physicien allemand, les
lois des courants électriques par rapport à leur intensité,
lois qui peuvent se résumer ainsi : l'intensité des courants
électriques croît proportionnellement à la section du fil conducteur et en raison inverse de sa longueur. C'est encore à
l'aide de ces mêmes instruments que M. Pouillet calcula le
degré de conductibilité des différents métaux, fixa les lois des
courants dérivés, et, enfin, que j'ai pu moi-même déterminer
les effets des courants *greffés* (1).

(1) J'ai trouvé, en effet, qu'un circuit électrique sur lequel on
greffe un autre circuit de source différente, peut servir de conducteur à ce dernier; mais qu'il s'établit alors une double dérivation
qui réagit en affaiblissant ou en renforçant le courant primitif,
suivant qu'on considère le circuit qu'il parcourt à droite ou à gauche
des points où se trouve greffé le deuxième circuit.

La découverte d'Œrsted démontrait l'action exercée par des courants voltaïques sur les corps dont la vertu magnétique était développée. M. Arago, par une expérience dont les résultats furent de la plus haute importance, prouva bientôt après que cette action se manifestait également sur les corps magnétiques non aimantés. Il s'assura, en effet, que quand on plonge dans de la limaille de fer le conducteur d'un courant voltaïque un peu intense, cette limaille s'attache à ce conducteur comme à un aimant ; il en conclut qu'en multipliant cette action sur un cylindre de fer, on devait obtenir un aimant assez puissant. Effectivement, en enroulant en spirale un fil métallique recouvert de soie et en plaçant dans l'intérieur de la spirale un morceau de fer doux, il trouva que quand le courant circulait dans la spirale métallique, le fer devenait un aimant très-énergique, mais qu'aussitôt que le courant était rompu, l'aimantation disparaissait. Il répéta la même expérience avec des cylindres d'acier ; mais cette fois, l'aimantation subsista , et il put s'assurer que la nature des pôles de l'aimant ainsi formé dépendait du sens du courant. Cette double propriété des courants électriques prouva, d'un côté, l'analogie du fluide électrique avec le fluide magnétique, et donna l'idée des *électro-aimants* qui résolurent, comme nous le verrons bientôt, le problème de la télégraphie électrique et de toutes les applications mécaniques de l'électricité.

Tel était le point où en était arrivé l'électro-magnétisme, quand Ampère commença ses magnifiques travaux qui eurent pour résultat une théorie complète, que les découvertes subséquentes ne firent que justifier de plus en plus.

Il commença, au moyen d'un appareil très-ingénieux qu'il inventa, par constater les réactions réciproques des courants les uns par rapport aux autres ; les réactions des courants à l'égard des aimants et les réactions des courants

par rapport aux influences du globe terrestre. Il en conclut
que les aimants étaient constitués par un courant électrique
qui circulait en spirale autour des substances magnétiques
quand elles avaient subi l'aimentation. Au moyen de cette
hypothèse et des effets d'attraction et de répulsion des courants, suivant qu'ils marchent dans le même sens ou dans
un sens différent, qu'il démontra directement par l'expérience, la découverte d'Œrsted et toutes les autres réactions
magnétiques des courants se trouvèrent expliquées; et quand
MM. Faraday, Pouillet, Savary et de La Rive ajoutèrent à
cet ensemble de lois quelques autres propriétés des réactions
magnétiques des courants, comme la rotation des aimants
sous l'influence des courants, la rotation des courants sous
l'influence de la terre ou des aimants, enfin, la rotation des
courants sous l'influence de courants convenablement disposés, ils n'eurent qu'à se reporter à la théorie d'Ampère
pour avoir l'explication de leurs expériences.

Je dois pourtant dire que plusieurs propriétés et plusieurs
effets de ces réactions des courants avaient échappé aux
illustres savants dont je viens de parler; car quelqu'habile
que l'on puisse être, on ne peut pas tout embrasser. En
reprenant en effet toutes les expériences d'Œrsted, d'Ampère, etc., j'ai reconnu plusieurs effets importants qui
n'avaient pas été signalés et qui ont fait l'objet de quatre
Mémoires que j'ai présentés successivement à l'Institut. Ils
ont été en partie imprimés dans les comptes rendus de l'Académie des sciences. (Voir les numéros du 15 avril, 12 juillet,
13 septembre de l'année 1852.) (1)

En 1844, Guillemin constata pour la première fois que la
propriété d'aimantation qu'acquérait le fer sous l'influence

(1) Voir surtout ma théorie du magnétisme statique et du magnétisme dynamique, dans les Mémoires de la Société des Sciences
naturelles de Cherbourg

du courant voltaïque, n'était pas la seule qui pût être utilisée dans les applications mécaniques de l'électricité voltaïque, et qu'un morceau de fer qu'on fait entrer à l'intérieur d'une hélice métallique environ au tiers de sa longueur, se trouve entraîné vigoureusement aussitôt que le courant passe dans l'hélice. Sans se rendre compte du phénomène, Guillemin le considérait comme le résultat d'une simple attraction de pôles. Mais comme je l'ai démontré dans un Mémoire présenté à l'Institut le 15 avril 1852, cet effet résulte de la simple attraction de courants parallèles marchant dans le même sens; c'est donc un effet dynamique et non un effet statique. Tel est le raisonnement qui m'a fait entreprendre à ce sujet une série d'expériences par lesquelles j'ai prouvé que le magnétisme existant à l'état statique ou à l'état dynamique, produit dans les deux cas des effets complétement différents et analogues à ceux de l'électricité statique et de l'électricité dynamique; que dans un cas il y a création d'un courant magnétique, tandis que la séparation seule des fluides magnétiques a lieu dans l'autre (1).

### *Électricité magnétique ou d'induction.*

Puisqu'un courant électrique donne naissance à des aimants, on peut supposer que par réciproque un aimant doit engendrer un courant. C'est en effet ce qui a lieu. Mais le fait n'a été démontré par l'expérience qu'en 1830, c'est-à-dire près de 10 ans après la découverte de l'électro-magnétisme, et c'est à Faraday, physicien anglais, que revient toute la gloire de cette découverte si importante pour ses applications.

Ainsi, un aimant permanent entouré d'une hélice métal-

---

(1) Voir, pour les lois de ce genre d'attraction et la disposition des électro-aimants, mon Mémoire sur les électro-moteurs.

lique dont les spires sont suffisamment isolées peut donner
naissance à un courant électrique; mais, par une bizarrerie
particulière et qui s'explique pourtant, la production de ce courant n'est qu'instantanée et ne se manifeste qu'au moment
où l'on approche l'aimant de l'intérieur de l'hélice et au
moment où on l'en retire; encore ces courants éphémères
sont-ils en sens inverse l'un de l'autre.

Le même effet se reproduit et c'est aussi M. Faraday qui
le premier a constaté ce fait, quand on remplace l'aimant
par une hélice métallique dans laquelle circule un courant
électrique, ce qui, d'après la théorie d'Ampère, constitue un
aimant dynamique; seulement, il est à remarquer que dans
les deux cas, ces courants auxquels on a donné le nom de
*courants d'induction* sont des courants d'électricité statique
ou de tension, comme le démontre de la manière la plus
évidente l'appareil inducteur de M. Rumkorff.

Nous verrons quand nous en serons aux applications de
l'électricité, que les courants d'induction, en raison de leur
nature statique et des commotions qu'ils fournissent, ont pu
être employés avantageusement dans la médecine; mais le
problème à résoudre, dans un grand nombre de cas, était de
régulariser tous ces courants et de disposer les éléments physiques qui leur donnent naissance, de telle manière qu'on
pût obtenir un courant continu et permanent. C'est ce à quoi
sont parvenus MM. Pixii, Clarke et Breton frères, et les machines ingénieuses qu'ils ont construites pour atteindre ce
but ont été appelées *machines magnéto-électriques*.

Les courants d'induction jouent un rôle tellement important dans toutes les réactions électriques, qu'on peut dire
qu'ils en sont la conséquence inséparable. Ainsi, une hélice
métallique dans laquelle circule un courant électrique,
réagit sur elle-même en créant un courant d'induction qui
donne à l'étincelle du courant voltaïque un plus grand éclat.

Les courants d'induction réagissent à leur tour en créant d'autres courants d'induction d'un ordre inférieur, et ainsi de suite. Aussi, l'étude de ces courants a-t-elle préoccupé à tel point les savants, que l'électricité magnétique constitue actuellement une des branches les plus importantes de la physique.

Il y a quelques années, M. Arago, occupé de recherches sur le magnétisme, fut tout étonné de reconnaître une influence exercée par l'aiguille aimantée sur des plaques métalliques, non magnétiques, placées à sa portée. Cette influence, quand les plaques étaient mises en mouvement au-dessous de son plan de déclinaisons, et raduisait par un mouvement de rotation de cette aiguille, dont la rapidité dépendait de la vitesse qui était imprimée aux plaques. Faraday expliqua immédiatement cet effet par l'induction exercée sur ces plaques par le courant magnétique, et cette explication fut jusqu'à un certain point justifiée par les expériences de Nobili et d'Antinori qui, en faisant tourner rapidement un disque métallique sous l'un des pôles d'un fort aimant, reconnurent, dans le voisinage de ce pôle, la présence de quatre courants tous dirigés en sens contraire. Cependant de nouvelles expériences de M. Arago, sur ces effets du magnétisme de rotation, lui ont fait penser qu'un phénomène plus complexe était en jeu dans cette action physique.

## V.

### Diverses causes productrices de l'électricité

Les causes susceptibles de développer l'électricité qui nous ont jusqu'à présent occupés sont : le *frottement*, les *réactions chimiques* et *l'induction*, exercée par les aimants ou l'électricité elle-même, sur des corps conducteurs disposés en conséquence. Mais ces causes ne sont pas les seules, et la recherche des autres sources de l'électricité a, depuis la découverte de la pile de Volta, préoccupé beaucoup les savants. Il est résulté des différentes études qu'on a faites à ce sujet, que l'électricité pouvait être produite par le frottement de tous les corps entre eux, par la pression, le clivage, le capillante, la chaleur, la lumière, la combustion, l'action vitale, la végétation et même les réactions à distance des corps entre eux, suivant qu'on les en approche ou qu'on les en éloigne.

*Électricité produite par la chaleur ou thermique.*

Une des plus importantes découvertes dans ce genre de recherches fut celle des *courants thermo-électriques*, par Seebeck, de Berlin, en 1821. Ce savant physicien constata, en effet, que si l'on soude bout à bout deux métaux quelconques et qu'on maintienne les deux extrémités soudées à des températures différentes, il se manifeste un courant d'autant plus énergique que la différence des températures, qui est alors la cause productrice, est plus considérable et que le nombre de soudures soumises à cette double action calorifique est plus grand. En soudant donc bout à bout, et dans le même ordre, un grand nombre de plaques de deux métaux différents et les repliant les unes au-dessous des autres, on a pu faire une pile thermo-électrique, présentant de chaque côté des soudures de même ordre, et accumuler ainsi facilement de grands effets électriques avec les mêmes éléments calorifiques. Mais de tous les métaux qui, par leur juxta-position, peuvent produire une pareille manifestation électrique, le bismuth et l'antimoine, le bismuth et le cuivre rouge sont ceux qui produisent les effets les plus marqués et les plus intenses. C'est donc ces métaux qu'on a dû choisir pour la construction des piles thermo-électriques dont nous allons voir à l'instant les applications.

Quelle est la cause déterminante de la manifestation électrique dans les phénomènes thermo-électriques ?... C'est une question qui n'est pas encore parfaitement résolue. Les uns l'attribuent à l'inégalité du mouvement de la chaleur à travers des métaux de conductibilité différente, les autres prétendent que par l'effet d'une action calorifique inégale, il se détermine une réaction chimique qui entraîne avec elle la production des deux électricités. Quoi qu'il en soit, ces phénomènes présentent des anomalies tellement étranges, quant au sens du courant résultant, qu'il est bien difficile de poser une théorie qui s'accorde avec tous les effets observés.

Si l'on réfléchit qu'en employant l'eau glacée et l'eau bouillante comme source calorifique différente, on peut obtenir, aussi longtemps qu'on le désire, une différence constante de température, on comprendra facilement que les courants thermo-électriques peuvent être d'une régularité parfaite et dont nuls autres courants ne sont susceptibles. Or, pour établir les lois des courants électriques, cette condition était indispensable. Aussi, n'est-ce qu'après la découverte de Seebeck que MM. Pouillet, Ohm, Feschener purent expérimenter d'une manière certaine et déduire les lois de conductibilité des métaux pour l'électricité et les lois d'intensité des courants électriques, suivant leur grosseur, leur longueur, leurs dérivations et la composition des éléments métalliques ou non métalliques du circuit.

Puisqu'un courant thermo-électrique est d'autant plus intense que la différence de température est plus considérable, on conçoit qu'en approchant d'un côté des soudures d'une pile thermo-électrique une source calorifique quelconque, il se manifeste un courant dont l'intensité, constatée par le galvanomètre, représente en quelque sorte le degré de chaleur de la source présentée à la pile. Or, comme en multipliant les éléments de cette pile, on peut augmenter autant que l'on veut sa sensibilité, il a été facile de construire des thermomètres électriques d'une sensibilité extraordinaire. C'est à l'aide de ce genre de thermomètres que Melloni a pu constater les effets de polarisation de la chaleur.

En cherchant la réciproque de la manifestation électrique dans les piles thermo-électriques, c'est-à-dire en faisant passer un courant voltaïque à travers une pile thermo-électrique, M. Peltier a trouvé non-seulement que les soudures d'un côté de la pile étaient à une température différente de celles du côté opposé, ce qui établissait bien la réciproque de la manifestation électrique-thermique, mais encore, qu'au lieu de développer de la chaleur, comme dans les circuits ordinaires, le courant motivait un refroidissement quand le courant passait du bismuth à l'antimoine. Ce fait excessivement curieux prouve que dans les piles thermo-électriques le sens du courant peut dépendre du côté où agit la source calorifique la plus chaude.

La juxta position de deux métaux différents soudés bout à bout, n'est pas une condition indispensable pour la création de courants thermo-électriques. M. Adie a constaté, en effet, qu'une simple différence de densité entre deux morceaux soudés d'un même métal, tel par exemple qu'un morceau d'acier trempé dur et un morceau d'acier écroui, suffit pour les faire naître. Par la même raison, lorsqu'on chauffe ou qu'on refroidit quelques points d'un circuit métallique fermé et composé d'un seul métal homogène, on y détermine, sous certaines conditions, des courants plus ou moins énergiques dont le sens est variable.

La chaleur agit encore, mais d'une manière différente,

sur certains cristaux et, en particulier, sur la tourmaline,
comme cause productrice de l'électricité. La constatation de
ce fait n'est pas nouvelle, mais, depuis près de cent ans, il
exerce la sagacité des physiciens par les effets bizares qui se
manifestent. Ainsi, une tourmaline n'est susceptible d'être
électrisée par la chaleur qu'entre les limites 10° et 150°, au-
délà ou en deçà, elle se comporte comme les autres corps.
Une chose assez particulière, c'est que les deux électricités
prennent naissance à la fois et constituent, aux deux extrémités du plus grand diamètre de la pierre, deux pôles qui
agissent à la manière des aimants, mais qui semblent
dépendre du changement de température, de telle sorte qu'à
une température donnée, une tourmaline peut se présenter
sous trois états différents : à l'état naturel, si elle a été
maintenue long-temps à cette température; avec ses pôles,
par échauffement, si elle y arrive en s'échauffant; enfin,
avec ses pôles, par refroidissement, si elle y arrive en se
refoidissant.

Tout récemment M. Ed. Becquerel a démontré que, de
même que la chaleur pour les courants thermo-électriques,
la lumière peut agir comme excitant dans la création des
courants électriques qui se développent sur les substances
photographiques au moment où elle exerce son effet sur elles.
Ces courants, ainsi produits sont persistants et dirigés dans
un sens différent, suivant la nature des substances impressionables qu'on emploie.

*Électricité développée par une action mécanique.*

Le frottement exercé sur les corps non conducteurs, qui
dans l'étude spéciale que nous avons faite de l'électricité statique, a été considérée comme la seule et unique cause productrice de l'électricité, n'est pas le seul moyen d'obtenir
mécaniquement cet agent physique : deux corps solides
*quelconques* prennent toujours de l'électricité par le frot-

tement, l'un l'électricité résineuse, l'autre l'électricité vitrée, lorsqu'on prend, toutefois, les précautions convenables pour les sécher et pour les isoler ; toutefois, l'état des surfaces de ces corps, leur température et la nature du corps frottant, leur donne une prédisposition plus ou moins prononcée pour prendre l'une ou l'autre des deux électricités, et il paraîtrait d'après les expériences de M. Gaugain, que le phénomène électrique n'aurait d'autre cause dans cette circonstance qu'une manifestation thermo-électrique.

Le frottement des liquides entre eux ou contre les corps solides peut également produire de l'électricité ; mais de toutes ces réactions électriques dues au frottement, la plus remarquable et la plus puissante est celle qui résulte de l'échappement d'un jet de vapeur à haute tension contre un peigne métallique isolé. Dans ce cas, la production d'électricité est telle qu'on peut tirer de la chaudière ou du peigne métallique des lames de feu d'une certaine longueur ; mais il faut pour cela que la chaudière soit isolée sur des pieds de verre et que les ajutages par lesquels sort la vapeur aient une forme particulière. Un appareil ainsi disposé est certainement plus puissant que la plus forte des machines à plateau de verre ; il a été inventé par Armstrong, mécanicien anglais, en 1840.

C'est le physicien Libes qui constata, le premier, que la *pression* pouvait développer, dans certains corps, de l'électricité. Mais comme ses expériences pouvaient faire attribuer au frottement cette propriété, c'est, par le fait, à Haüy qu'il faut reporter les recherches les plus importantes faites à ce sujet. Il prouva, en effet, qu'en pressant certains cristaux, non-seulement ils s'électrisaient, mais encore ils pouvaient conserver pendant quelque temps leurs propriétés électriques. La chaux carbonisée est, sous ce rapport, la substance la plus remarquable. Elle possède une telle force conserva-

trice qu'après avoir été pressée un instant, elle donne encore
au bout de onze jours des signes électriques sensibles. Du
reste, la nature de l'électricité ainsi développée sur ces cristaux dépend beaucoup de celle des corps qui pressent.

M. Becquerel a construit un grand appareil pour étudier
ces phénomènes, et il conclut que la quantité des fluides
dégagés est proportionnelle à la pression; mais cette opinion
a été contestée. Quoi qu'il en soit, cet habile physicien a
démontré que le *clivage* était aussi une cause de développement électrique dans les cristaux, et que deux lamelles cris-
tallines, en se détachant l'une de l'autre, se trouvaient
chargées chacune d'une électricité différente.

### *Electricité développée par les réactions chimiques.*

Nous avons déjà dit qu'une réaction chimique avait pour
effet physique un dégagement d'électricité, que les corps électro-négatifs dégageaient de l'électricité positive au moment
de leur combinaison, et avaient besoin de la reprendre pour
redevenir libres, tandis que l'inverse avait lieu pour les
corps électro-positifs. Ces réactions qui se manifestent doublement dans les piles à deux liquides ne sont pas les seules
qui peuvent produire à la fois les deux électricités : l'action
des acides sur les alcalis, les solutions alcalines ou acides,
enfin les dissolutions salines dans lesquelles un métal prend
la place d'un autre métal sont autant de causes productrices
de l'électricité. Mais, dans toutes ces combinaisons, c'est
toujours l'élément acide qui dégage l'électricité positive,
et l'élément basique l'électricité négative.

La combustion est une réaction chimique, et par conséquent, un dégagement électrique doit en être la suite;
mais pour pouvoir constater ce fait reconnu pour la première
fois par M. Pouillet, il faut prendre plusieurs précautions

qui sont indispensables: on s'assure alors que le corps combustible s'électrise négativement, tandis que la flamme, l'hydrogène carboné ou l'acide carbonique qui se dégagent sont électrisés négativement.

### Électricité animale.

Si l'on considère que tous les appareils sécrétoires des animaux fournissent des produits qui sont alternativement acides et alcalins, on pourrait croire que, dans certaines circonstances, les réactions chimiques qui peuvent s'opérer à travers le tissu cellulaire devraient donner lieu à des courants électriques. Ces courants existent en effet, comme l'ont démontré MM. Donné et Matteuci, mais leur existence est tellement liée à l'état électrique des surfaces des organes, et cet état électrique est dans un tel rapport avec la vie, que l'on peut en conclure que si les fonctions sécrétoires de l'économie animale sont ou déterminées, ou accompagnées par des courants électriques, ceux-ci cessent avec la vie.

Chez certains poissons, tels que les torpilles, les gymnotes et les silures, ces courants sont de nature statique et si intenses, qu'ils produisent des commotions souvent plus énergiques que celles des plus fortes bouteilles de Leyde. Mais ils résident dans un organe particulier qui a des rapports frappants avec la pile de Volta, et la commotion qui en est la conséquence est pour ces poissons un phénomène volontaire.

C'est à M. Walsch que nous devons les premières recherches un peu précises sur les effets électriques de ces singuliers animaux. Ses expériences furent faites à La Rochelle, en 1772. Depuis lui, beaucoup de physiciens et, entre autres, MM. Becquerel, Breschet et Matteucci ont fait de nouvelles études et sont parvenus à obtenir l'étincelle électrique dont la présence n'avait pu jusque-là être accusée. Ils ont reconnu également que le courant électrique marchait toujours du dos au ventre, mais que le poisson pouvait faire passer la décharge par tels ou tels points de ses surfaces supérieures et inférieures.

### *Électricité dégagée par les végétaux.*

En faisant germer des plantes dans des capsules isolées et au milieu d'une atmosphère suffisamment sèche, il a été possible à M. Pouillet de recueillir les électricités qui se développent dans l'acte de la végétation, et il a pu reconnaître, par leur nature, la confirmation des lois des réactions chimiques dont nous avons parlé.

Il paraîtrait aussi, d'après M. Becquerel, que l'action capillaire serait une cause productrice de l'électricité, mais les effets observés sont tellement complexes qu'ils pourraient bien provenir de toute autre cause.

Enfin des expériences toutes nouvelles faites par M. Palagi sembleraient prouver que les influences relatives des corps entr'eux détermineraient un dégagement électrique, c'est-à-dire qu'en avançant un corps vers un autre qui serait fixe, on le chargerait d'électricité positive, tandis qu'en l'éloignant on déterminerait sur lui une charge d'électricité négative. Ce fait est tellement extraordinaire qu'il mérite confirmation.

## VI.

### **Transmission de l'électricité.**

### *Vitesse de l'électricité.*

Otto de Guericke et principalement Gray et Whoeler remarquèrent les premiers que l'électricité se propageait avec une grande vitesse, mais aucune expérience n'avait été tentée par eux pour apprécier, même grossièrement, qu'elle pouvait être cette vitesse. Watson, physicien anglais, fut le premier qui entreprit, à ce sujet, des recherches sur une grande échelle. Malheureusement il n'obtint d'autre résultat de ses expériences que la confirmation du fait déjà connu.

En 1828, M. Arago, dans son intéressant article sur le tonnerre, démontra au moyen d'un appareil fort simple, que les éclairs les plus brillants, les plus étendus, même ceux qui paraissent développer leurs feux sur toute l'étendue de l'horison visible, n'ont pas une durée égale à la *millième partie d'une seconde de temps*. Bien que ce résultat ait pu donner une idée de la prodigieuse vitesse de transmission de l'électricité, il ne pouvait encore satisfaire les savants, car la limite minimum de cette vitesse n'avait pu être constatée et il était probable qu'elle était encore bien éloignée. On s'appliqua dès lors à perfectionner les instruments et les procédés d'expérimentation ; mais ce ne fut qu'en 1834 que M. Wheatstone, au moyen d'un appareil fort ingénieux qu'il inventa, résolut en partie le problème. Ses conclusions furent : 1° que la vitesse de l'électricité dans un fil de cuivre est plus grande que celle de la lumière dans l'espace planétaire;

2° Que dans un fil qui communique par ses extrémités avec les deux armures d'une bouteille de Leyde, le dérangement d'équilibre électrique se propage avec une vitesse égale à partir des deux bouts du fil et n'arrive que plus tard au milieu du circuit ;

3° Que la lumière électrique, à l'état de haute tension, dure moins de 1/1,000,000 de seconde;

4° Que l'œil est capable de voir distinctement les objets qui lui sont présentés pendant ce court intervalle de temps.

Toutefois, comme M. Wheatstone n'avait pas opéré directement sur le courant électrique et que ses recherches avaient porté principalement sur l'électricité de tension dégagée dans un milieu aériforme, plusieurs physiciens, entre autres MM. Fizeau et Gounelle cherchèrent à étudier ces lois de propagation du fluide électrique dans les corps solides métalliques, c'est-à-dire dans les circuits voltaïques. Or, voici les résultats auxquels ils sont parvenus il y a deux ans, en opérant sur une longueur de 600 kilomètres :

1° Dans un fil de fer, dont le diamètre est de quatre millimètres, l'électricité se propage avec une vitesse de 101,710 kilomètres en nombre rond de 100,000 kilomètres par seconde.

2° Dans un fil de cuivre dont le diamètre est de $2^{m}/^{m}$ 5, cette vitesse est en nombre rond 180,000 kilomètres par seconde.

3° Les deux électricités se propagent avec la même vitesse.

4° Le nombre et la nature des élémens dont la pile est formée, et par conséquent la tension de l'électricité et l'intensité du courant, n'ont pas d'influence sur la vitesse de propagation.

5° Dans les conducteurs de différente nature la vitesse augmente bien avec le degré de conductibilité des métaux, mais dans un rapport qui n'est pas proportionnel.

6° La vitesse de propagation ne paraît pas varier avec la section des conducteurs.

Il serait, sans doute, intéressant de décrire les instruments avec lesquels les habiles physiciens dont nous venons de parler ont pu arriver à des résultats aussi curieux et aussi importans, mais, de crainte d'être obscur, je me contenterai d'en indiquer le principe. Un charbon brûlant que vous faites tourner rapidement autour de vous, les raies d'une roue qui se meut avec rapidité, ne peuvent être perçus isolement dans leurs différentes positions. Dans le premier cas, vous apercevez un ruban de feu, dans le second, une surface unie et tournante, et cela, parce que l'impression de la lumière sur l'œil n'est pas instantanée et qu'elle persiste quelques instants (un dixième de seconde environ), après la cessation de l'action lumineuse. Mais si la cause éclairante est *instantanée* on conçoit qu'elle saisira l'objet en mouvement dans une seule de ses positions, et devra le faire voir comme s'il était en repos. Plus le mouvement sera rapide plus il faudra que l'apparition lumineuse soit prompte pour arriver à un pareil résultat. Or, en faisant tourner dans un lieu complétement obscur, un disque de couleur blanche sur lequel étaient peints des rayons noirs, et éclairant ce disque avec la lumière produite par un éclair, M. Arago s'assura que les rayons noirs paraissaient toujours aussi distincts que si le disque eût été dans une position fixe, quelque vitesse dont celui-ci fut d'ailleurs animé. En calculant alors, d'après la vitesse maximum imprimée à ce disque, la promptitude de l'apparition lumineuse, il trouva, comme nous l'avons déjà dit, qu'elle était au-dessus de un millième de seconde.

Comme les moyens mécaniques ne pouvaient suffir à eux seuls, et que, d'ailleurs, l'espace parcouru par un éclair aurait toujours été très hypothétique, M. Wheatstone employa un fil d'une longueur connue et disposé de manière à exciter de la part d'une bouteille de Leyde à ses deux bouts et en son milieu trois étincelles pour une même décharge, en ayant soin, à l'aide d'un système de miroirs, de rendre ces trois étincelles visibles à la fois dans un champ très-rétréci. Comme le miroir sur lequel étaient réfléchies ces trois étincelles pouvait être animé d'un mouvement de rotation sur lui-même, égal à huit cents jours par seconde, les étincelles devaient se trouver quelque peu allongées en tout autant que l'apparition n'était pas mathématiquement instantanée. Par conséquent, le commencement et la fin des trois traînées lumineuses qui amplifiaient ainsi les étincelles ne devaient pas se correspondre, et leur simple différence de position relative, rapportée au mouvement de la machine, pouvait servir à apprécier le temps écoulé entre les trois apparitions. C'est précisément cette petite différence, qui n'était que d'un demi-degré dans les conditions de l'expérience, que M. Wheatstone a trouvé être correspondante à une vitesse de 576 milles anglais par seconde.

L'appareil de M. Fizeau est plus simple; il se composait principalement de deux interrupteurs de courant, c'est-à-dire de deux roues, dont la circonférence était composée de parties conductrices et non conductrices, sur lesquelles venait s'appuyer un ressort en rapport avec le courant. Ces deux interrupteurs étaient placés aux deux extrémités d'un fil de ligne télégraphique, et un galvanomètre très-sensible était interposé dans le circuit.

Comme ces interrupteurs étaient munis d'un système moteur susceptible de leur donner à volonté une vitesse aussi grande qu'on pouvait le désirer, ils pouvaient, à partir d'un instant donné, interrompre le courant d'une manière qui aurait été concordante, si, marchant avec la même vitesse, la transmission électrique eût été instantanée, mais qui devait être discordante dans le cas contraire. Ainsi, dans ce dernier cas le courant étant interrompu à Paris, je suppose, ne devait pas l'être à Amiens dans le même instant et réciproquement. Mais si, au lieu d'avoir des vitesses égales, les interrupteurs eussent été animés d'une vitesse différente, il aurait pu se faire que la différence des vitesses compensât le retard occasionné par la transmission du fluide et que les deux interruptions se fussent manifestées dans le même temps, circonstance qui pouvait être accusée par le galvanomètre. Or, dans ce cas, la différence de vitesse des deux appareils pouvait servir à la détermination de la vitesse de l'électricité. Tel est le principe sur lequel M. Fizeau a basé ses expériences, principe vrai en lui même, mais qui exige une perfection d'instruments

et d'expérimentation dont peu de personnes sont susceptibles.
Aussi n'est-ce qu'après vingt-huit expériences que l'habile
physicien, dont nous parlons, a pu constater les beaux résultats que nous avons enregistrés précédemment.

### Conducteurs des courants.

Jusqu'à présent, nous n'avons considéré que des conducteurs métalliques homogènes, et nous avons vu que, d'après
les lois de Ohm et Pouillet, l'intensité électrique croissait en
les parcourant proportionnellement à leur section et en raison
inverse de leur longueur. Mais bien des considérations ont
dû entrer en ligne de compte, quand il a fallu les établir en
grand pour la télégraphie électrique. On a dû chercher : 1º
comment on pouvait calculer la puissance électrique à donner par rapport à la résistance à vaincre; 2º quel procédé on
devait employer pour augmenter le plus économiquement la
force électrique; 3º quelle était la manière la plus avantageuse d'établir les dérivations si nécessaires dans le service
de la télégraphie électrique; 4º enfin, comment on pouvait
établir d'une manière peu dispendieuse les conducteurs des
grandes lignes.

Ces différentes questions dictées par la nécessité de l'application ont été la cause d'une foule de découvertes importantes qui ont été réalisées depuis quelques années.

M. Wheatstone, dans son admirable travail sur la détermination des constantes des circuits voltaïques, a résolu, de
la manière la plus catégorique et la plus complète, les deux
premières de ces questions; et au moyen de ses formules, on
peut maintenant calculer la force électrique à donner à une
ligne télégraphique, comme on calcule la force d'une machine
à vapeur.

Un fait excessivement curieux qui ressort de la théorie de

Wheatstone et qui aurait pu paraître impossible sans les considérations dans lesquelles il est entré et les expériences qu'il a faites pour les démontrer, c'est que pour vaincre la résistance apportée par les conducteurs d'un circuit voltaïque, la grandeur des éléments de la pile est insignifiante; toute la force dépend de leur nombre. C'est pourquoi M. Read, au grand étonnement de ceux qui ne connaissaient pas les lois de Wheatstone, a pu faire fonctionner, l'hiver dernier, le télégraphe sous-marin de Douvres à Calais avec une pile de 3/4 de pouce.

Ainsi, une pile qui peut avoir sa force augmentée, soit par la réunion de plusieurs éléments unis par leurs pôles contraires, soit par l'agrandissement de sa surface, que l'on peut obtenir avec plusieurs éléments distincts, si on les réunit par leurs pôles semblables, exerce un effet complètement différent dans les deux cas. Avec une pile à grande surface, tout le développement de l'électricité se fait en un seul point, et l'action électrique est alors très-énergique sur une petite longueur, pourvu que le fil soit suffisamment gros: c'est de l'électricité de quantité. Avec une pile composée de plusieurs éléments distincts, l'électricité peut vaincre facilement la résistance apportée par le fil et peut agir à de grandes distances: c'est alors de l'électricité de tension.

C'est en expérimentant les différents résultats que lui avait fournis sa théorie que Wheatstone découvrit son *rhéostat*, instrument parfait, au moyen duquel on peut mesurer, de la manière la plus rigoureuse, la résistance apportée à un courant par son circuit.

La discussion des formules de M. Pouillet a pu résoudre la question des dérivations; on s'assura, en effet, que, conformément à sa théorie, le courant ne passe avantageusement dans une dérivation sans nuire au courant principal, que quand elle est prise le plus loin possible de la source électrique, encore faut-il que les points d'attache de cette dérivation soient suffisamment éloignés, sans quoi le courant ne passerait pas du tout dans la dérivation. Ce fait se comprend, du reste, aisément, si l'on réfléchit que l'électricité prend de préférence le chemin le plus court, puisqu'il y a moins de résistance à vaincre (1).

### Conductibilité de la terre.

Jusqu'en 1837, les fils métalliques avaient été considérés comme le seul et unique moyen de transmettre l'électricité. On savait bien, à la vérité, que les liquides conduisaient également ce fluide, mais comme le liquide le plus conducteur (la dissolution du sulfate de cuivre), l'était à section égale 16 millions de fois moins que le cuivre, on n'avait pas cherché à suppléer les métaux dans cette fonction si importante. Cependant à cette époque, en 1837, Steinheil, physicien allemand, fit des expériences sur le conducteur d'un télégraphe d'essai établi à Munich, qui avait une lieue trois quarts d'Allemagne, et s'assura que la terre pouvait transmettre le courant électrique, si le fil conducteur qui faisait la première moitié du parcours et qu'il appelait *fil d'aller*, se terminait par deux plaques métalliques enterrées aux deux stations. D'autres expériences lui prouvèrent ensuite que cette faculté de transmission de la terre était d'autant plus grande que les plaques avaient elles-mêmes plus de surface et que le terrain était plus humide. Cette découverte était d'une extrême importance, car elle pouvait épargner sur toutes les lignes télégraphiques le fil de *retour* et réduire de moitié leur dépense d'installation. Aussi, tous les physiciens se mirent-ils à l'œuvre pour étudier les con-

(1) Voir le résumé de mon cours d'électricité et le 3me mémoire à la fin de l'ouvrage.

séquences qui pouvaient résulter de cette question nouvelle.
MM. Wheatstone et Coke firent, en 1841, des essais qui eurent pour résultat d'établir que la terre agissant comme un
grand réservoir d'électricité ou sous quelques rapports comme un excellent conducteur, la résistance offerte par elle à la
transmission du fluide électrique est grandement diminuée
et la pile peut agir à une bien plus grande distance avec un
fil conducteur d'un plus petit diamètre.

Ce fait était déjà d'une grande importance, car il prouvait
que la terre, loin d'être un plus mauvais conducteur que le
fil métallique, favorisait au contraire la marche du courant.

En 1842, M. Bain, niant les droits de priorité de **MM.**
Steinheil, Wheaststone et Cooke, prétendit avoir été le premier à constater la conductibilité de la terre pour l'électricité. Cette prétention n'avait aucun fondement; toutefois il
constata ce fait sinon important par ses applications du moins
extrêmement curieux par lui-même: qu'un courant électrique peut se manifester dans un fil terminé par deux plaques
métalliques enterrées dans le sol, sous l'influence seule de
là terre. Il est vrai que M. Gauss, physicien à Goëttingue,
découvrait dans le même moment cette même propriété,
mais tous les deux admettaient comme condition indispensable de cette manifestation électrique l'emploi de deux
métaux différents (zinc et cuivre), pour les plaques qui
devaient être enterrées. Deux ans après, M. Magrini, démontra par de nombreuses expériences faites sur le chemin de
fer de Milan à Monza, que la présence d'une simple plaque
enterrée suffisait pour produire un courant dans un fil librement suspendu à l'air libre et, par conséquent, que des
plaques d'un métal différent n'étaient indispensables que
dans le cas où on les employait simultanément, parce
qu'alors les courants, produits séparément par chacune d'elles
étaient dirigés en sens contraire et qu'au lieu de se neutra-

liser dans le conducteur commun ils ne faisaient que s'ajouter
Il remarqua en outre que la source de pareils courants se
comportait en quelque sorte comme une source calorifique,
car leur intensité décroissait à partir de la plaque enterrée
jusqu'à une certaine limite après laquelle la différence ne
pouvait plus être appréciée, mais qui pouvait être éloignée
par l'allongement du fil ou la réunion de plusieurs fils.

Une propriété assez extraordinaire de ces sortes de courants
auxquels M. Magrini a donné le nom de *courants telluriques*, c'est que leur direction est inverse de celle qui devrait
être constatée si le zinc et le cuivre qui forment les extrémités
du fil constituaient un couple voltaïque, d'où il résulte que
notre planète serait l'électro-moteur le plus négatif de tous
les métaux, le zinc excepté, en ce sens qu'il pousserait le
fluide dans les autres métaux et le recevrait du zinc.

Quoi qu'il en soit de l'origine de ces courants que M.
Magrini regarde comme issus d'une pile à la Bagration, cons-
tituée par le globe terrestre, il n'en est pas moins certain
que l'interposition de la terre dans un circuit est d'autant
plus avantageuse que le circuit lui-même est plus long; car,
comme l'a observé M. Matteucci, dès 1844, la résistance de
la terre étant un chiffre constant, elle est la même pour
une petite distance comme pour une grande, et les courants
telluriques venant s'ajouter à l'action de la pile diminuent
encore cette résistance. Plusieurs savants vont même jusqu'à
prétendre qu'elle est tellement faible qu'elle peut être négli-
gée et que conséquemment l'intensité du courant dans un circuit *mixte*, c'est-à-dire dans lequel la terre entre pour moitié, est double de ce qu'elle serait dans un circuit métallique
complet.

Quel rôle la terre joue-t-elle dans cette transmission de
de l'électricité?.... C'est une question sur laquelle l'opinion
des savants est bien partagée en ce moment. Les uns veulent
qu'elle remplisse le rôle d'un simple conducteur, dont

la mauvaise conductibilité serait compensée par l'immensité
de la section. D'autres, avec plus de raison selon moi,
regardant la terre comme un vaste réservoir, une espèce de
puisard, prétendent qu'elle est une issue pour l'électricité
produite par la pile et que par cela même que cette électricité se perd ou s'écoule, il y a production d'un courant électrique. Quoi qu'il en soit, cette transmisssion de l'électricité
peut se faire à travers tous les terrains, dans les pays de
montagnes comme dans les plaines, mais il est toujours plus
avantageux de placer, quand on le peut, dans des puits
remplis d'eau, les plaques qui terminent le fil métallique.

—

## Deuxième Partie

# APPLICATIONS
# Mécaniques de l'Électricité.

⟶⟶⟫⟨⟵⟵

## I.

### Télégraphie électrique. (1)

Plus de 60 physiciens prétendent à l'honneur d'avoir eu la première idée de la télégraphie électrique. Ce qui est certain c'est que cette idée a dû naître aussitôt qu'on a pu s'assurer de la vitesse de transmission de l'électricité. On trouve, en effet, que dès 1750, un certain Georges-Louis Lesage, Français d'origine, avait établi à Genève un télégraphe électrique complet ; seulement, comme l'électricité dynamique n'était pas alors connue, c'était au moyen d'une machine électrique qu'on devait faire agir l'appareil. Ce télégraphe consistait principalement dans un disque de bois percé de vingt-quatre

(1) Cette partie des applications de l'électricité ayant été traitée dans des ouvrages spéciaux particulièrement dans celui de M. l'abbé Moigno, nous nous bornerons à un examen rapide des principaux appareils qui ont été exécutés.

trous correspondant aux vingt-quatre lettres de l'alphabet.
Dans chacun de ces trous passait un fil revêtu d'une substance
isolante, et ces fils, qui se terminaient par de petites boules
métalliques, étaient chacun à porté d'un petit pendule
électrique en moelle de sureau. Comme un appareil semblable
était disposé dans chaque station, on conçoit qu'en approchant
successivement de la machine, dans l'une ou l'autre station,
les fils qui correspondaient aux différentes lettres dont on
avait besoin, le pendule les signalait à la station opposée et
on pouvait correspondre ainsi par l'électricité.

Tout simple et tout ingénieux qu'il était, ce système
présentait des inconvénients insurmontables qui ont dû en
empêcher l'exécution en grand. D'abord vingt-quatre fils à
établir et à bien isoler étaient une fort grande dépense et,
en second lieu, l'électricité statique si facile à s'échapper et
à quitter ses conducteurs ne pouvait pas fournir une assez
grande quantité de fluide électrique pour agir à de grandes
distances. C'est, sans doute, les raisons pour lesquelles
d'Alembert, d'abord, et le grand Frédéric, en second lieu,
auxquels l'inventeur s'adressa, n'encouragèrent pas ce premier
essai de la télégraphie électrique.

Je ne m'arrêterai pas à parler de tous les efforts qui ont
été tentés par MM. Lomond, en 1787, Reiser, en 1794,
Salva et l'Infant don Antonio d'Espagne, en 1796, Cavallo,
en 1795, Betancourt, en 1787, et Ronalds, en 1823, pour
résoudre le problème par l'électricité statique. Tous ces
systèmes, qu'ils manifestassent leurs signes par des électro-
mètres, par des traces d'étincelles électriques, par l'inflammation de substances détonantes ou des décharges de
bouteilles de Leyde, péchaient tous par leur base elle-même.
Ce n'est que quand les effets de l'électricité dynamique ont
été connus et, en particulier, l'aimantation momentanée du
fer doux par le courant électrique, qu'on a pu songer

sérieusement à établir en grand la télégraphie électrique et à abandonner le système ingénieux de l'abbé Chappe. Toutefois l'histoire de la télégraphie électrique présente plusieurs périodes intéressantes à connaître que nous allons passer rapidement en revue.

Depuis la découverte de l'électricité dynamique par Volta, en 1800, jusqu'à celle de l'électro-magnétisme, proprement dit, les physiciens cherchèrent à résoudre le problème de la manifestation des signaux par les différents effets physiques ou chimiques auxquels pouvaient donner lieu ce genre d'électricité, mais la plupart employaient autant de fils que de signaux à transmettre. C'est ainsi que Sœmmering, en 1811, proposa à l'Académie de Munich un télégraphe fondé sur la décomposition de l'eau par le courant (1) ; qu'Ampère, en 1820, après la découverte d'Œrsted, voulut substituer à l'action de la décomposition de l'eau, dans le télégraphe Sœmmering la propriété que possède l'aiguille aimantée de se mettre en croix sur le courant, que Sweiger, en 1838, proposa de faire agir le courant sur différents pistolets de Volta, correspondants aux différents signaux, ou d'employer deux piles d'inégale puissance dans le télégraphe de Sœmmering afin que le dégagement plus ou moins prompt des bulles de gaz dans le fait de la décomposition de l'eau, permit de réduire de moitié, et même davantage, le nombre des circuits électriques, condition essentielle pour l'établissement en grand de semblables appareils.

En 1837, MM. Richtie et Alexander construisirent à Edimbourg un télégraphe un peu plus compliqué, mais qui n'était, du reste, qu'une simple application mécanique du télégraphe d'Ampère. Dans cet appareil, les 24 lettres de

(1) Il est vrai que dès 1810, Coxe, en Amérique, avait eu déjà l'idée d'utiliser à la télégraphie la propriété décomposante du courant voltaïque.

l'alphabet et les quelques autres signes nécessaires à la langue télégraphique étaient placés dans des guichets et se trouvaient à l'état normal, voilés par de petits écrans appliqués sur des aiguilles aimantées. Un circuit particulier passait au-dessous de chaque aiguille, et ces circuits venaient aboutir à la station opposée à un clavier au moyen duquel on pouvait, en appuyant le doigt sur l'une ou l'autre des touches, fermer le courant correspondant à telle ou telle lettre qu'on voulait signaler. Sous l'action de ce courant, l'aiguille portant l'écran se trouvait déviée de sa direction, et la lettre ainsi dégagée de son écran se montrait à distance à celui qui était chargé de recevoir la dépêche.

D'autres perfectionnements furent apportés successivement à cette première idée de l'emploi de l'aiguille aimantée ou des barreaux aimantés, pour la manifestation des signaux par MM. Schilling, de Saint-Pétersbourg, en 1833, Gauss et Weber, de Gœtingue, en 1835, Steinheil, de Munich, en 1837, Amyot, en 1838, Masson et Breguet, en 1838. Mais, de ces différents perfectionnements, ceux de Steinheil et d'Amyot sont les seuls qui aient présenté quelqu'idée réellement nouvelle et une combinaison ingénieuse, encore le télégraphe d'Amyot n'a-t-il jamais existé qu'en projet.

Le télégraphe de Steinheil marchait avec le courant d'induction d'une machine magnéto-électrique et se composait, en outre, des deux aiguilles placées dans un multiplicateur qui étaient la partie active de l'appareil, d'un double système qui pouvait interpréter les signes par les sons, et les conserver par l'écriture. A cet effet, il avait adapté à côté de ces deux aiguilles deux petites cloches donnant chacune un son particulier et qui pouvaient être frappées d'un côté ou de l'autre (suivant le sens du courant) par l'aiguille. En même temps que ce petit choc s'opérait, un tube rempli d'encre que portait chaque aiguille laissait un point noir sur une bande de papier placée à portée et entraînée par un mouvement lent et continu. En combinant les sons et ces espèces de signes jusqu'à quatre, M. Steinheil a obtenu un alphabet parlé et un alphabet écrit, comprenant les lettres nécessaires pour écrire tous les mots de la langue allemande et, de plus, les chiffres.

Ce télégraphe établi à Munich et qui fonctionnait sur une étendue d'une lieue trois quarts d'Allemagne, peut être considéré comme la première conception réalisable de la télégraphie électrique, car il n'avait besoin pour être mis en activité que d'un seul fil conducteur (1).

Tout ingénieux qu'était le télégraphe de Steinheil, il était encore loin de résoudre d'une manière complète toutes les questions qui se rattachent à la télégraphie. Sous le rapport de l'économie de l'installation, il pouvait bien réunir les conditions voulues, mais, pour la sûreté de la transmission des signaux, il ne présentait pas toutes les garanties désirables, et cet inconvénient était la conséquence naturelle de la faiblesse de l'action directrice exercée par les courants sur les aimants. Il fallait donc nécesairement abandonner cette voie dans laquelle, jusque-là, tous les physiciens étaient entré, et recourir à un effet plus marqué des courants voltaïques.

Ce furent MM. Morse et Weatstone qui, les premiers, conçurent l'idée de faire agir le courant sur des électro-aimants, et d'utiliser le mouvement d'attraction de l'armature à une action mécanique.

Sans entrer dans la discussion qui s'est élevée entre MM. Morse, Jakson et autres, à l'occasion de la priorité de cette découverte et de l'époque à laquelle elle fut, sinon mise à

(1) Nous avons vu effectivement dans le chapitre précédent que ce fut l'inventeur de ce télégraphe qui découvrit le premier la part que prenait la terre pour compléter un circuit voltaïque.

exécution, du moins conçue, époque que M. Morse fixe à l'année 1832, nous pourrons toujours dire avec certitude, que les premiers essais de ce nouveau genre de télégraphie électrique furent faits en Amérique, par M. Morse, en 1837, et que c'est lui qui a établi dans ce pays, il y a environ neuf ans, la première grande ligne télégraphique.

Le télégraphe américain de M. Morse n'emploie qu'un seul fil; à l'extrémité du circuit où les nouvelles doivent être reçues, est un appareil nommé *register* ou rapporteur, qui consiste dans un électro-aimant dont le fil enveloppe forme le prolongement du fil du circuit.

L'armature de cet électro-aimant est fixée au bout d'un petit lévier qui, par l'extrémité opposée, porte une plume ou un poinçon. Sous cette plume est un ruban de papier marchant à volonté, à l'aide d'un mouvement d'horlogerie. A l'autre extrémité du circuit, c'est-à-dire à la station d'où les nouvelles doivent partir, existe un interrupteur du courant qui sert d'*appareil transmetteur*. Pour le constituer, le fil conducteur du courant a du être brisé et les deux extrémités disjointes ont été introduites dans deux coupes de mercure contiguës.

A l'aide d'une fourche métallique attachée à l'extrémité d'un petit lévier, les deux coupes pouvant à volonté être mises en connexion entre elles ou laissées isolées, le circuit peut être rompu ou fermé quand on le veut. Or, voici ce qui arrive dans l'un et l'autre cas : quand le circuit est fermé, l'électro-aimant est devenu aimant, il attire l'armature, et le mouvement de celle-ci fait en sorte que la plume touche le papier. Lorsque le circuit est ouvert, l'armature est soulevée par un ressort antagoniste et replacée dans sa position primitive. En conséquence, si le courant est fermé et ouvert rapidement, il se produit sur le papier mobile de simples points; si, au contraire, il reste fermé pendant un certain temps, la plume marque une ligne d'autant plus longue que la fermeture est elle-même plus longue; enfin, le papier offre un large intervalle blanc si le circuit reste ouvert un temps considérable. Ces points, ces lignes et les espaces blancs conduisent à une grande variété de combinaisons, et c'est à l'aide de ces éléments que le professeur Morse a construit un alphabet et les signes des chiffres. Les lettres d'ailleurs peuvent être écrites avec une grande rapidité, et, au moyen de certains types que la machine fait mouvoir avec exactitude, et qui impriment au levier portant la plume, des mouvements convenables, on trace 40 ou 45 de ces caractères en une minute.

Le register ou rapporteur est sous le contrôle de la personne qui envoie la nouvelle. En effet, depuis l'extrémité de la ligne où est l'interrupteur, le mécanisme du rapporteur peut être mis en mouvement et arrêté de même. La présence d'une personne pour recevoir la nouvelle n'est donc pas nécessaire quoique cependant le son d'une cloche mise en tintement par le mécanisme, annonce que l'on va commencer à écrire.

Avant de passer aux télégraphes à cadran qui ont résolu définitivement le problème depuis si longtemps cherché, je dois parler d'un télégraphe d'un genre tout particulier et d'une conception si originale, qu'il fait presque époque dans l'histoire de la télégraphie électrique. C'est celui que fit construire, en 1839, M. Worselman de Heer. Il est fondé sur ce principe, que les impressions physiologiques d'un courant d'induction peuvent se manifester à une bien plus grande distance et avec un fil beaucoup plus fin que les effets physiques ou chimiques. En partant de ce fait, l'auteur organise son appareil de telle manière que le préposé, chargé du soin de recevoir la dépêche, ayant ses dix doigts appuyés sur les touches d'une espèce de clavier, puisse recevoir, de l'une ou de l'autre de ces touches, suivant le signe transmis, une commotion dont il peut peut apprécier le sens télégraphique.

Comme alarme, M. Worselman emploie une espèce de ceinture semi-métallique que chaque employé doit porter sur son corps, et dont les parties métalliques, étant en communication avec les fils de la ligne, peuvent transmettre une commotion suffisamment forte pour les avertir de se tenir prêts et même les réveiller au besoin.

Comme on le voit, les employés des lignes télégraphiques auraient toujours été sûrs, par ce procédé, d'être électrisés *à saturation*.

Arrivons à la dernière époque de la télégraphie électrique, si bien inaugurée par Wheatstone. Les résultats si satisfaisants auxquels cet habile physicien était parvenu, à l'aide de son premier appareil, dans lequel il avait déjà employé l'électro-aimant comme mécanisme de détente, l'encouragèrent à le perfectionner. Il y arriva dans un temps très court et, dès 1840, son télégraphe avait atteint le plus grand degré de simplicité. Cette fois, un seul fil conducteur pouvait suffir, aucun effet dynamique n'était produit par l'action directe du courant, et il n'y avait plus d'aiguilles de déviées. Le courant n'avait à produire, par son passage, que l'aimantation d'électro-aimants artificiels. Ces électro-aimants attiraient de petits morceaux de fer doux; ces petits morceaux de fer doux, déplacés pour revenir immédiatement à leur position première, sous l'action de petits ressorts, devaient laisser agir des mouvements d'horlogerie. Une des dents de chaque roue d'échappement ayant passé, tous les cadrans mobiles fixés sur ces roues d'échappement et qui portaient les lettres, avaient avancé d'un pas et amené tous la même lettre devant l'indicateur. Les caractères qu'il fallait transmettre étaient distribués sur la circonférence de la roue que portait l'appareil électro-magnétique, on amenait, par la rotation de la roue, celui des caractères que l'on voulait à une position fixe et déterminée; aussitôt les cadrans mobiles le répétaient aux deux extrémités de la ligne comme à toute station intermédiaire où le fil télégraphique était en rapport avec un appareil indicateur.

Au télégraphe à cadrans mobiles de Wheatstone, Cooke substitua, peu de temps après, le télégraphe à cadran fixe et à aiguille mobile. Enfin, depuis ce moment, tous les physiciens des deux mondes inventèrent chacun leur télégraphe, si bien qu'on peut compter par centaines tous les systèmes et modifications de systèmes qui ont été imaginés depuis douze ans et qui dérivent tous, plus ou moins, de l'invention de Wheatstone ou de Steinheil.

De ces différents systèmes, nous n'étudierons que ceux qui sont employés par les gouvernements français, prussien, anglais, celui des lignes de chemins de fer et les combinaisons mécaniques les plus ingénieuses de ce genre d'appareils, tels que les télégraphes imprimeurs, et les télégraphes écrivants.

### *Télégraphes à aiguilles.*

*Télégraphe du gouvernement français.* — Désirant conserver les signes et le personnel des lignes télégraphiques déjà établies, et peut-être aussi pour servir certains intérêts particuliers, l'administration des télégraphes du gouvernement français a voulu établir ses télégraphes électriques dans le système Chappe. Or, pour atteindre ce but, il a fallu employer deux aiguilles et deux fils, c'est-à-dire faire une dépense double de ce qu'elle aurait pu être, et, en même temps, subir doublement les chances d'erreur. Il est vrai qu'en échange, ces deux télégraphes ainsi réunis en un seul, et pouvant fonctionner indépendamment l'un de l'autre, devaient présenter une garantie plus sûre pour la transmission des dépêches, eu égard aux accidents qui peu-

vent survenir sur le parcours de la ligne. Quoiqu'il en soit
des avantages et des inconvénients des télégraphes électriques français, imaginés par MM. Foy et Breguet, voici en
quoi ils consistent :

Supposez une petite boîte verticale, renfermant deux mouvements d'horlogerie, séparés l'un de l'autre et disposés de
telle manière qu'un mouvement assez rapide se trouve transmis à deux axes horizontaux parallèles, portant chacun une
petite roue à rochet de quatre dents et une aiguille de mica
disposée en dehors de la boîte. Admettez encore que chacune de ces roues à rochet soit à l'état normal enrayée par
une ancre ou détente en rapport mécanique avec l'armature
d'un électro-aimant spécial et vous aurez une idée du mécanisme
*recepteur* de ces télégraphes. Pour en comprendre le jeu, il
suffit de considérer que chaque fermeture et chaque interruption du courant, pouvant réagir par l'intermédiaire de
l'électro-aimant, de son armature et de son ressort, sur la
détente du mouvement d'horlogerie, la roue à rochet peut devenir libre et tourner d'une plus ou moins grande quantité de
degrés, suivant le temps que la détente la laisse ainsi dégagée.
Or, comme dans ces télégraphes, cette détente a la forme d'une
ancre, chaque mouvement qu'elle accomplit sous l'influence
de l'électro-aimant correspondant, a pour effet primitif un
dégagement de la roue et, pour effet subséquent, un nouvel
enraiement. Si donc l'écartement des branches de l'ancre, le
mouvement de la roue et la longueur du levier établi sur
l'armature de l'électro-aimant, pour donner à l'ancre son
mouvement d'oscillation, sont calculés de manière à ce que
chaque mouvement de cette armature laisse échapper la roue
à rochet d'un angle de 45°, les deux aiguilles pourront prendre chacune huit positions qui, combinées entre elles, à
l'égard d'une traverse horizontale qui les réunit, fournissent
soixante-quatre combinaisons ou signaux différents, tout-à-

fait semblables à ceux du télégraphe aérien, car les aiguilles
représentent en quelque sorte les petites ailettes qui se replient
aux deux bouts de la grande traverse articulée sur le support
du télégraphe Chappe. Seulement, celle-ci est fixe dans le
télégraphe électrique, mais certains signes additifs, (comme
les mots *ciel*, *terre*) désignent si elle doit être prise dans le
sens horizontal ou vertical.

L'appareil *transmetteur* pourrait consister simplement
dans une double coupe de mercure, dans laquelle on plon-
gerait les fils de la ligne, de manière à interrompre assez de
fois le courant pour obtenir le signal voulu, mais, pour
éviter une trop grande contention d'esprit de la part de
l'employé chargé de ce soin, on a résolu mécaniquement le
problème au moyen d'un petit appareil très simple, auquel
on a donné le nom de *manipulateur*, et dont les poignées
étant placées, l'une à l'égard de l'autre, dans une position
telle qu'elles représentent le signal qu'on veut transmettre,
elles réagissent sur un interrupteur de manière à lui faire
fournir le nombre d'interruptions nécessaires pour la reproduction du même signal sur l'appareil récepteur de la station
opposée.

Voici en quoi consiste ce manipulateur qui, comme on le
conçoit aisément, est lui-même double et agit sur deux courants distincts :

Deux petites colonnes verticales, en cuivre, portent à leur
partie supérieure un disque métallique fendu, sur sa circonférence de huit rainures disposées de manière à correspondre
aux huit positions que peut prendre chaque aiguille; une
roue à quatre cames formant une espèce de carré dont les
angles sont arrondis et les côtés un peu creusés, est montée
sur un axe horizontal qui passe par le centre du disque et se
termine par une manivelle articulée portant un butoir à
ressort. Cette manivelle est précisément la branche du mani-

pulateur qui doit reproduire les signes en passant devant telle ou telle entaille du disque, position qui est assurée par le butoir à ressort dont la manivelle est munie et qui entre dans ces différentes entailles. Sur la circonférence de la roue à Cames est appuyé un galet adapté à l'extrémité d'un levier qui sert d'interrupteur et voici comment : un des pôles de la pile est en relation avec les colonnes métalliques dont la base est garnie d'une plaque d'ivoire; l'autre pôle après avoir passé par la ligne et l'appareil recepteur aboutit isolément à 2 petites plaques métalliques fixées à une petite distance l'une de l'autre sur la lame d'ivoire. C'est sur ces deux plaques que se font les fermetures du courant. En effet, le levier qui appuie par l'intermédiaire du galet dont il est muni sur la roue à Cames, se termine lui-même par un ressort assez long pour venir frotter sur les deux plaques; or, comme il est articulé par son milieu, sur la colonne de cuivre, et qu'il possède ainsi une des branches du courant, il peut le fermer toutes les fois que la roue à Cames le fait incliner d'un coté ou de l'autre, ce qui a lieu quand le galet se trouve sur la sommité des Cames de la roue ou dans les parties creuses qui les séparent. On conçoit donc que la position de ces Cames ayant été réglée par rapport à la manivelle et au disque fixe, appelé *diviseur*, chaque fermeture de courant peut correspondre à chacune des huit positions de la manivelle et en motiver la reproduction sur l'aiguille correspondante.

Enfin, pour corriger les erreurs, on a adapté à ces appareils un interrupteur de courant et un petit appareil, appelé *pédale*, au moyen duquel on peut faire fonctionner l'instrument sans le secours du courant, et ramener l'aiguille au point de repert ou de départ pour recommencer la partie de la dépêche où l'erreur s'est glissée.

Comme chaque appareil télégraphique a son récepteur, son manipulateur, sa pédale, son interrupteur et sa pile, les mêmes fils de la ligne peuvent servir pour la demande et la réponse, et même pour les stations intermédiaires. Inutile de dire que tous les mécanismes destinés à régler la marche de ces instruments et la tension des ressorts des armatures, sont disposés de telle manière qu'il n'est pas besoin de démonter l'instrument pour les faire fonctionner, et qu'une alarme analogue à toutes celles dont nous aurons occasion de parler peut avertir les surveillants de se tenir prêts à recevoir la dépêche (1).

*Télégraphes du gouvernement anglais.* — Comme les appareils télégraphiques du gouvernement français, les télégraphes anglais nécessitent deux fils et deux aiguilles, mais cette double disposition dépend du système lui-même qui, sans cela, ne fournirait pas un vocabulaire assez complet pour les besoins et surtout pour la promptitude du service. Dans ces télégraphes, en effet, les mouvements de chaque aiguille sont la conséquence de la réaction *directe* du courant sur l'aiguille aimantée, et, en conséquence, ils ne peuvent être combinés autrement que par la direction de l'aiguille à gauche ou à droite du point de repert. Sans doute, attribuant à tel ou tel signe, tel ou tel nombre de mouvements, soit alternés de gauche à droite, soit successifs dans le même sens, on pourrait finir par les désigner tous, mais ces combinaisons étant très compliquées, motiveraient nécessairement un retard considérable pour la transmission des dépêches. En faisant intervenir une seconde aiguille, on a pu réduire considérablement ces combinaisons et obtenir des signaux assez simples.

Ainsi, les télégraphes anglais ne possèdent aucun mouvement d'horlogerie : un commutateur à renversement de pôles pour appareil *transmetteur*, un cadre de galvanomètre,

(1) Voir le manuel de M. Breguet sur les télégraphes électriques.

portant un système d'aiguilles compensées, le tout étant en double et disposé verticalement dans une petite boîte de la taille d'une de nos pendules ordinaires, telles sont les pièces principales de ce système télégraphique, dont on ne voit extérieurement que les deux aiguilles indicatrices des signaux et les deux manches ou manivelles à l'aide desquels on fait agir le commutateur.

À l'état de repos les aiguilles et les deux manches sont dans une position verticale, mais aussitôt que l'on veut parler, on manœuvre les manches et, suivant qu'ils sont inclinés à gauche ou à droite, les aiguilles qui leur correspondent à la station opposée se trouvent déviées dans l'un ou l'autre sens. Le nombre de battements qu'on leur imprime et leur concordance ou discordance, désigne alors les différentes lettres de l'alphabet.

Au-dessus de la boîte qui renferme ces mécanismes se trouve l'alarme ou carillon, qui se trouve mis en rapport avec le circuit au moyen d'une dérivation que l'on ôte ou on rétablit à volonté. Il consiste, comme tous les carillons électriques possibles, dont on a varié du reste la disposition mécanique à l'infini, dans un mouvement d'horlogerie, réagissant sur un mécanisme à marteaux et que peut enrayer une détente adaptée à l'armature d'un électro-aimant.

Enfin, un autre commutateur en rapport avec les fils des deux stations voisines, et auquel on a donné le nom d'*appareil silencieux*, permet de couper la ligne en deux et de correspondre d'une station à l'autre sans que toute la ligne prenne part à la dépêche qui n'est destinée qu'à une seule. À cet effet, un petit cadran placé au-dessous des manches de l'appareil transmetteur, indique au préposé quand il doit faire agir l'appareil silencieux, et, aussitôt après que le bouton du commutateur de cet appareil est tourné, les deux fils de la station qui veut parler sont mis en rapport avec la terre, tandis que le circuit est interrompu pour la station suivante.

Il existe bien encore dans ce télégraphe plusieurs autres appareils accessoires tels que les *touches sonnantes*, pour agir sur les alarmes de l'une ou l'autre des stations avec lesquelles on a à parler; les *relais*, pour agir à de grandes distances, par les temps de pluie (1); les *chevilles mobiles*, pour éviter l'influence des courants accidentels; les *bobines mobiles*, pour éviter les oscillations des aiguilles quand elles reviennent au point de repert; les plates-formes pour le croisement des lignes télégraphiques; mais, pour bien en comprendre les fonctions et la disposition, il faudrait nécessairement une figure explicative, d'ailleurs on peut se rendre compte de tous ces détails dans tous les Traités de télégraphie électrique.

Pour qu'on puisse se faire une idée bien nette des télégraphes Prussiens, voyons d'abord comment un télégraphe électrique peut marcher, sans le secours des mouvements d'horlogerie, sous l'influence seule de l'électricité et, pour cela, reportons-nous aux *télégraphes de démonstration* que nous faisons fonctionner dans nos expériences de cabinet.

*Télégraphes de démonstration.* — Tous ces télégraphes, dont on a varié d'une manière infinie la disposition, sont tous fondés sur l'interruption du courant et le jeu mécanique des électro-aimants. D'abord, pour interrompre alternativement le courant, il suffit de faire tourner une roue dentée sur laquelle s'appuient, l'un au centre, l'autre à la circonférence, deux petits crochets métalliques en rapport avec les deux branches du courant; quand le petit crochet appuyé sur la circonférence de la roue touche la dent, le courant est fermé, mais quand il se trouve entre deux dents, le circuit est interrompu. Ces interruptions se trouvent aussitôt trans-

(1) Voir la fin de ce chapitre.

mises à l'électro-aimant de l'appareil de la station à laquelle
on parle, et y agissent de manière à attirer successivement
une armature de fer doux placée à portée. Or, c'est précisément cette armature adaptée à l'extrémité d'un levier en
forme de fourche, qui traduit en mouvement circulaire
saccadé le mouvement de va et vient dû à l'action de l'électro-
aimant et du ressort qui agit en sens contraire. Une aiguille
fixée sur l'axe de la roue à rochet qui sert à cette transformation de mouvement, indique alors sur un cadran la lettre
qui correspond à un nombre d'interruptions donné, lequel
nombre est toujours en rapport avec celui des dents de
l'interrupteur.

*Télégraphe Prussien.* — Si l'on suppose au télégraphe
précédent un mécanisme tel que par le fait même du mouvement dû à l'action de l'électro-aimant, le courant se trouve
immédiatement interrompu et, qu'après la réaction en sens
contraire du ressort, le courant se trouve ensuite fermé, on
comprendra qu'il doit en résulter de la part du télégraphe un
mouvement circulaire *continu* et saccadé, auquel prendront
part tous les télégraphes de la ligne interposés dans le même
courant. Il en résulte que si les appareils sont disposés de
manière à ce que, leur aiguille étant arrêtée en un point
quelconque de la course, le courant soit rompu, il suffit de
faire obstacle au mouvement de cette aiguille précisément au
moment où elle va passer sur le signe que l'on veut transmettre, pour que ce signe soit signalé aux stations opposées.
D'un autre côté, comme les interrupteurs sont supprimés.
on peut parler en même temps qu'on reçoit la dépêche, ce
qui est un avantage immense pour la régularité du service.
Tel est le principe du télégraphe en usage en Prusse, et qui
a été inventé par M. Siémens.

*Télégraphes des chemins de fer.*—Les télégraphes Breguet,
employés sur les lignes des chemins de fer français, sont ana-

logues, quant aux principes, aux télégraphes électro-magnétiques de Wheaststone, ou aux télégraphes de démonstration
dont nous avons parlé. Seulement, au lieu d'être mis en mouvement par l'action mécanique de l'électro-aimant lui-même,
c'est un mécanisme d'horlogerie qui fait tous les frais du mouvement, et l'armature de l'électro-aimant n'agit que comme
détente. L'aiguille peut donc, de cette manière, désigner sur
le cadran toutes les lettres ou signaux dont on a besoin.

Quant à l'interrupteur, on en a varié le principe à l'infini :
les plus parfaits sont celui à clavier de M. Froment, et celui
à touches de M. Brisbarre. Il suffit, en effet, d'appuyer le
doigt sur la touche qui correspond à la lettre que l'on veut
désigner, pour produire le nombre d'interruptions nécessaires
à sa transmission à la station opposée.

Voici, en quelques mots, en quoi consiste l'ingénieux
appareil de M. Froment :

Un axe d'acier horizontal mu par un mouvement d'horlogerie et commandé par une roue à rochet d'un nombre de
dents égal à celui des signes ou lettres qui peuvent être
employés ; porte échelonnées les unes à côté des autres et
disposées en spirales des chevilles ou butoirs d'arrêt, dont
le nombre et la position sont en correspondance parfaite avec
les dents de la roue à rochet. Une grande traverse horizontale
dont le mouvement ne peut s'effectuer que de haut en bas,
réagit par l'intermédiaire d'un levier d'encliquetage sur cette
roue à rochet, mais comme à l'état de repos cette traverse est
repoussée en haut par un ressort antagoniste, l'encliquetage
empêche le mouvement d'horlogerie d'entraîner l'axe qui
porte les butoirs. C'est sur cette traverse que viennent
s'appuyer les différentes touches du clavier. Ces touches à
bascules comme celles d'un piano sont en outre munies de
butoirs susceptibles d'arrêter, quand elles sont abaissées,
celles des chevilles de l'axe mobile qui leur correspondent.

On conçoit alors que si un interrupteur est placé sur cette axe mobile ou si même on se sert de la roue à rochet comme d'interrupteur, il suffira d'appuyer le doigt sur l'une ou l'autre des touches pour rendre libre le mouvement d'horlogerie, et pour qu'avant de se trouver arrêté de nouveau, l'axe mobile décrive un arc plus ou moins grand en rapport avec la position de la cheville qui doit venir en prise. Or, comme cet arc correspond à un certain nombre de dents de la roue à rochet, on se trouve avoir obtenu ainsi le nombre d'interruptions du courant en rapport avec le signal transmis.

Je n'entrerai pas dans plus de détails sur ces télégraphes à cadran ; les plus parfaits, après ceux dont nous venons de parler, sont ceux de MM. Bain, Paul Garnier, Pelchrzim, Brisbarre, Drescher, Kramer et Froment. (Voir le Traité de télégraphie électrique de l'abbé Moigno.)

### Télégraphes écrivants.

Les télégraphes écrivants, comme nous l'avons vu par ceux de Steinheil et de Morse, ont été l'une des premières conceptions réalisables de la télégraphie électrique. Pourtant, bien qu'ayant dû céder le pas en Europe aux télégraphes à cadran, ils ont continué à être employés de préférence en Amérique et ont été encore dans ces derniers temps l'objet de plusieurs perfectionnements importants de la part de MM. Froment et Dujardin, de Lille, etc.

Voyons d'abord la disposition du télégraphe Morse, dont nous n'avons parlé que très vaguement au sujet des télégraphes historiques.

*Télégraphe de Morse.* — L'appareil récepteur de ce télégraphe consiste comme nous l'avons dit, dans un électroaimant dont l'armature fixée à un levier à bascule, peut imprimer à un style que ce levier porte, un mouvement qui a pour effet de percer en temps voulu, une bande de papier disposée à portée et entraînée par un mouvement d'horlogerie. Mais cet appareil devant se trouver sur la surveillance de celui qui transmet la dépêche, un mécanisme spécial pour faire agir le mouvement d'horlogerie en temps opportun devenait indispensable. C'est à cet effet que le levier portant le style a dû être muni d'une tige articulée à détente, susceptible d'enrayer on de dégager le mécanisme moteur et de réagir en même temps sur un carillon.

Si l'on réfléchit que la combinaison de lignes et de points nécessite pour la plupart des signes qui entrent dans le vocabulaire télégraphique, des combinaisons assez compliquées on pourra comprendre que l'appareil transmetteur, tel que nous l'avons décrit, devait nécessiter un temps considérable dans la transmission des signaux, et une habitude très grande de la part des employés.

Pour simplifier ce travail, M. Morse a employé divers systèmes de transmetteur, auxquels il a donné le nom de *Portrule* ou porte composteur; le plus simple consistait dans une table à signaux, sur laquelle étaient reproduites, les unes au-dessous des autres, par des plaques métalliques de différentes largeurs, les différentes lettres de l'alphabet. Toutes ces plaques correspondaient à une des branches du courant, tandis que l'autre branche se terminait par un style métallique. De sorte qu'en promenant ce style sur chacun des signes ainsi composés, on obtenait non-seulement le nombre d'interruptions voulu, mais encore les différents rapports (en longueur) entre les temps de fermeture du courant nécessaires à leur interprétation.

En incrustant sur un cylindre de bois ou d'ivoire, les les combinaisons précédentes et disposant à leur portée des touches munies de frotteurs ou de galets, M. Morse a pu faire pour son télégraphe un interrupteur à clavier dans le genre de celui de M. Froment. Par un mécanisme d'horlogerie servant de moteur au cylindre, il suffisait d'appuyer le doigt sur telle ou telle touche pour que la combinaison correspondante fût reproduite à la station opposée.

*Télégraphe de M. Froment.* — Dans le télégraphe de M. Froment, la bande de papier ou plutôt la feuille de papier sur laquelle doit être imprimée la dépêche est appliquée sur un cylindre mû par un mouvement d'horlogerie qui, en outre de son mouvement lent de rotation sur lui-même, se trouve animé d'un mouvement de translation, au moyen d'une vis sans fin, dont son axe est muni. Il résulte de cette disposition que les lettres de la dépêche se trouvent toutes écrites sur une ligne en spirale qui peut circonscrire toute la feuille de papier et former conséquemment quand la feuille est enlevée, autant de lignes distinctes dont les intervalles représentent précisément l'épaisseur du pas de vis.

Comme l'électro-aimant et ce cylindre sont disposés de manière à ce que le crayon se meuve dans le sens de la génératrice de ce dernier, les traits qui se trouvent empreints sur la feuille dessinent des espèces de jambages dont le nombre et la combinaison représentent les différents signes dont on a besoin. Dans cet appareil, c'est un crayon qui écrit la dépêche et qui se trouve taillé tout en écrivant, parce qu'il tourne sur lui-même, en même temps qu'il exécute son mouvement de va-et-vient; à cet effet, il est mû d'une manière directe et sans intermédiaire par l'armature de l'électro-aimant, et il peut exécuter jusqu'à trois mille vibrations simples par minute.

Pour transmettre la dépêche, M. Froment la compose d'avance en signaux télégraphiques découpés sur une bande de papier, à l'aide d'une machine spéciale à clavier et cette bande de papier ainsi préparée doit être mise dans l'appareil

transmetteur. Celui-ci qui consiste simplement dans un ressort en rapport avec l'une des branches du courant et dans
un cylindre métallique en rapport avec l'autre branche est
disposé de telle façon qu'il ne laisse subsister l'action électrique que quand le ressort se trouvant engagé dans les
trous de la bande est en contact métallique avec la roue sur
laquelle il glisse. Il suffit donc de faire mouvoir cette bande
avec une vitesse en rapport avec celle du tambour récepteur
de la station opposée, pour obtenir le nombre d'interruptions
nécessaires à l'impression de la dépêche.

*Télégraphe électro-chimique de M. Bain.* — La découverte du télégraphe électro-chimique est certainement une de
celles qui feront époque dans l'histoire de la télégraphie
électrique non seulement par les résultats merveilleux qui
en ont été la conséquence, mais encore par la nouveauté du
principe et les applications qu'on peut en faire dans une
foule de cas où l'électro-magnétisme ne peut être employé
avantageusement.

Ce télégraphe, comme ceux de MM. Morse, Froment,
Dujardin, et autres écrit lui-même la dépêche, mais cette fois
aucun corps étranger à l'action électrique ne sert d'intermédiaire; la feuille de papier de l'appareil récepteur reçoit
directement l'effet du courant, et telle est la promptitude de
cette action, que 1500 lettres peuvent être reproduites par
minute.

Pour comprendre comment un pareil instrument peut
fonctionner, il faut savoir que si une feuille de papier trempée d'abord dans une solution de cyanure de potassium, puis
dans une solution acide, est exposée encore humide à l'action
d'un courant électrique passant par une pointe de fer ou
d'acier qui sera en contact avec elle, elle sera impressionnée
instantanément par ce courant de telle manière que la pointe
de fer laissera sur sa surface une trace bleue ( bleu de

Prusse, tant que le courant passera : au contraire aucun effet ne sera produit quand le courant sera interrompu, mais il faut pour cela que le pôle positif de la pile soit en communication avec le fer.

Cela posé, admettons qu'un plateau métallique horizontal reçoive en temps convenable, par l'intermédiaire d'un mécanisme d'horlogerie, un mouvement de rotation continu, et supposons que sur ce plateau vienne appuyer une pointe d'acier dont le support, (à 'aide d'une vis sans fin, mue par le mouvement d'horlogerie), pourra parcourir transversalement le plateau, depuis le centre jusqu'à sa circonférence. On comprendra que cette pointe d'acier décrira sur le plateau une longue ligne en volute dont le développement pourra correspondre à une certaine longueur de bande plus grande qu'il ne le faut pour les dépêches ordinaires. Tel est l'appareil récepteur de ce télégraphe.

L'appareil transmetteur est au moins aussi simple et se rapproche considérablement de celui que M. Froment a appliqué à son télégraphe écrivant. Comme dans ce télégraphe, en effet, la dépêche est traduite d'avance par des combinaisons de trous longs et ronds découpés sur une bande de papier. Cette bande est enroulée sur une poulie où elle est en provision et se trouve tirée quand l'appareil marche, par deux cylindres métalliques entre lesquels elle est forcée de passer. L'un de ces cylindres est en relation avec l'une des branches du circuit, et peut fermer le courant par l'intermédiaire d'un petit ressort en pointe qui appuie sur sa circonférence. Comme la bande de papier passe entre ce petit ressort et le cylindre, la continuité du courant ne peut avoir lieu dans tous les moments, et les fermetures ne se font que quand le ressort s'engage dans les trous de la bande.

D'après la disposition des deux appareils, on comprend aisément que si le plateau de l'appareil récepteur est recou-

vert d'une feuille de papier préparée au cyanure de potassium
et en rapport avec le pôle négatif de la pile, tandis que la
pointe d'acier sera en rapport avec la branche positive,
chacune des combinaisons de trous de la bande de papier de
l'appareil transmetteur sera reproduite en traits bleus sur la
feuille de l'appareil récepteur et comme cette impression qui
ne nécessite pas une action mécanique, est instantanée, la
transmission des signaux peut se faire aussi vite que l'on
veut; elle ne dépend que de la vitesse de déroulement de la
bande sur l'appareil transmetteur ; déroulement qui s'opère
par le mouvement d'horlogerie lui-même, car chaque appareil est double et porte à la fois l'appareil transmetteur et
l'appareil récepteur.

*Télégraphe autographique.* — L'idée du télégraphe autographique, c'est-à-dire d'un télégraphe électrique reprodui-
sant l'écriture même de telle ou telle personne, n'est pas
nouvelle. Dès 1845, M. Wheatstone l'avait conçue, mais elle
n'a été réellement mise à éxécution qu'il y a deux ans, par
M. Backwel. Plusieurs spécimens d'écriture ainsi reproduits
ont figuré à l'exposition de Londres l'année dernière, mais
les mécanismes de ces télégraphes n'ont pas été exposés à la
curiosité publique. Quels qu'ils soient, voici l'idée que je
m'en suis faite.

Un mouvement de va-et-vient d'une pointe métallique
mobile peut être facilement obtenu de la part d'un mouvement d'horlogerie, et ce mouvement imprimé à la pointe
peut, par l'intermédiaire d'une vis sans fin, être combiné à
un mouvement de translation dans un sens qui lui soit perpendiculaire. Si ces pointes métalliques étaient des crayons
elles dessineraient des hachures plus ou moins serrées, suivant le pas de la vis, et la surface qu'elles devraient couvrir
serait d'autant plus vite remplie que le mécanisme d'horlogerie tournerait plus vite.

Supposez donc à chaque station un mécanisme ainsi établi et qu'au-dessous des pointes métalliques en question qui seront l'une en fer, l'autre en cuivre ou en argent, soient placées d'un côté (sous la pointe de fer), une feuille préparée au cyanure de potassium, comme il a été dit pour le télégraphe électro-chimique, mais qui devra être appliquée sur une plaque métallique en rapport avec une des branches du courant, d'un autre côté (sous la pointe de cuivre) la dépêche qu'on aura eu soin d'écrire sur du papier métallique, du papier d'étain, je suppose. Il arrivera que si le courant passe de la pile à la feuille d'étain et qu'un fil métallique unisse métalliquement d'une station à l'autre les deux pointes animées d'un mouvement *synchronique*, ce courant ne sera interrompu à la station qui transmet, que quand le crayon de cuivre passera sur le corps même de l'écriture. Le crayon de fer de la station qui reçoit dessinera donc constamment des hachures bleues qui ne seront interrompues qu'aux différents points où le style transmetteur aura rencontré l'écriture. Or, comme le mouvement des deux pointes est synchronique, la série d'interruptions produites par l'écriture sur la feuille d'étain composera, au milieu des hachures bleues de la feuille recouverte de cyanure de potassium, une série de points blancs qui reproduiront en blanc l'écriture même de la dépêche. M. Backwel prétend ainsi reproduire quatre cents lettres par minute.

### *Télégraphes imprimeurs.*

Pour que l'on puisse entrevoir d'une manière simple la possibilité de reproduire en caractères d'imprimerie les dépêches qui doivent être transmises, reportons-nous aux télégraphes à cadran dont il a été question précédemment, et supposons qu'au lieu d'une aiguille ils en aient vingt-cinq portant chacune une lettre de l'alphabet en relief. Si ces lettres sont ordonnées en sens inverse de l'alphabet, et si un des intervalles qui sera *double* des autres correspond au point de repère, il arrivera que cette espèce de cadran mobile étant interposé entre un électro-aimant indépendant et son armature, chaque lettre qui, dans l'origine, était désignée par l'aiguille unique, passera exactement au même instant devant le pôle de l'électro-aimant qu'on aura choisi pour point de repère. Or, si l'on suppose que précisément en ce moment le courant passant par cet électro-aimant se trouve fermé, l'armature est attirée et vient donner comme un coup de marteau sur la lettre interposée ; alors, celle-ci peut laisser son empreinte sur une bande de papier placée au-devant et qu'on aura préalablement recouverte d'une feuille de papier noirci.

Si cette bande de papier restait dans une position fixe, on conçoit aisément que les différentes lettres qui seraient imprimées se superposeraient et seraient illisibles ; mais si on suppose que cette bande soit fixée sur une courroie tendue sur trois tambours et entraînée de la distance d'une lettre à chaque mouvement de l'électro-aimant imprimeur, au moyen d'une roue à rochet et d'un engrenage réagissant sur l'un de ces tambours, cette superposition devient impossible, et les lettres viennent se placer les unes à côté des autres, à une distance qui dépend de la largeur des dents de la roue à rochet.

En enroulant donc une bande de papier d'une certaine longueur sur un cylindre en dehors de l'appareil, fixant un des bouts de cette bande sur la courroie et plaçant le papier noirci entre l'électro-aimant imprimeur et son armature, on peut imprimer une dépêche assez longue sur la même ligne. Mais par un mécanisme bien simple que j'indique dans mon Mémoire sur ce télégraphe (1), on peut même

(1) Voir les Mémoires de l'Académie de Cherbourg, année 1851.

arriver à superposer les lignes les unes sur les autres. Il suffit, pour cela, d'un second électro-aimant réagissant sur une armature munie d'une crémaillière qui, à chaque tour de la courroie, soulève d'un cran le système entier des trois tambours. A cet effet, la courroie porte un petit fil métallique en rapport avec cet électro-aimant, et, ce petit fil terminé par une lame très mince d'argent rencontrant un butoir métallique en connexion avec une dérivation du courant réagit, à chaque tour, sur l'électro-aimant en question; comme celui-ci agit en même temps que l'électro-aimant imprimeur, le courant se trouve rompu aussitôt que le double mouvement a été accompli.

Les télégraphes imprimeurs sont rarement employés parce que les mécanismes en étant plus compliqués présentent plus de chances d'erreurs et fonctionnent moins rapidement; cependant ils ont été installés sur quelques lignes anglaises.

Les plus perfectionnés sont ceux de MM. Bain, Siemens et Brett.

*Télégraphe imprimeur de M. Bain.* — M. Bain est le premier qui ait appliqué à la télégraphie électrique, l'impression des dépêches. Son télégraphe imprimeur date, en effet, de l'année 1843, et peut fonctionner avec un seul fil. Dans cet instrument comme dans les télégraphes à cadran bien conditionnés, c'est un mécanisme d'horlogerie qui fait tous les frais du mouvement, mais au lieu de se servir d'un électro-aimant pour faire agir la détente de ce mécanisme, c'est la réaction magnétique d'un faisceau aimanté sur un cadre galvanométrique, dont il est enveloppé, que M. Bain a utilisée dans ce but (1). Comme les appareils sont identiques à toutes les stations et que les mouvements du mécanisme d'horlogerie sont synchroniques quand leur détente est sou-

<hr>

(1) Voir mon Mémoire sur le magnétisme statique et le magnétisme dynamique.

levée au même instant, on peut comprendre que si l'interrupteur du courant, dans ces instruments, est disposé de telle façon que l'arrêt de l'aiguille du cadran indicateur entraîne la rupture du courant vis-à-vis tel ou tel signe que l'on veut transmettre, toutes les aiguilles des différents appareils de la ligne, comme ceux du système Siemens, s'arrêteront devant le même signe; mais si le mécanisme d'horlogerie est combiné de manière à faire tourner, dans le même rapport, un petit tambour sur lequel seront soudées les vingt-cinq lettres en relief de l'alphabet, on conçoit facilement qu'il sera toujours facile de faire arriver vis-à-vis un point fixe telle ou telle lettre qu'on voudra imprimer.

Cela posé, admettons qu'à portée du cylindre qui porte les caractères en relief et que nous appellerons *roue des types*, se trouve monté sur un axe muni d'une vis sans fin, un tambour revêtu d'une feuille de papier; supposons que du côté opposé, c'est-à-dire de l'autre côté de la roue des types, se trouve adapté un second mécanisme d'horlogerie, que nous appellerons *mécanisme imprimeur*, dont la détente ne sera lâchée qu'au moment où le premier mouvement sera arrêté, et qui aura pour effet d'imprimer, par l'intermédiaire d'une excentrique, un mouvement d'impulsion à un levier coudé agissant par pression sur la roue des types : il arrivera qu'au moment même où la lettre en relief que l'on veut désigner sera arrêtée devant le tambour recouvert de papier, le mécanisme imprimeur sera mis en jeu, le levier coudé appuiera fortement la roue des types contre le papier, et si une feuille de papier noirci se trouve interposée entre deux, la lettre y laissera nécessairement son empreinte. Pendant ce mouvement, le régulateur à force centrifuge qui a opéré par son affaisement le premier dégagement du mécanisme imprimeur parcequ'il reçoit son mouvement du mécanisme de la roue type ou du télégraphe proprement dit.

sera tombé dans l'inaction et encombrera, par le moyen d'une seconde détente, le mouvement du mécanisme imprimeur jusqu'à ce qu'étant remis en marche il abandonne cette seconde détente pour reprendre la première. Alors l'excentrique se remet pendant ce temps en position d'opérer une nouvelle pression.

Si l'on suppose maintenant que le tambour sur lequel se trouve la feuille de papier s'engrenne avec un long pignon, mù par une roue à rochet et un encliquetage en rapport avec le levier imprimeur, on comprendra que, comme dans le télégraphe précédent, chaque coup de presse fera avancer la surface du tambour de l'intervalle d'une lettre, et qu'en raison de la vis sans fin qui traverse ce tambour et qui lui donne un mouvement de translation en même temps que s'opère son mouvement de rotation, les différents mots de la dépêche se trouvent imprimés sur une ligne en spirale.

*Télégraphe imprimeur de M. Siemens.* —Comme M. Bain, M. Siemens a adapté à son télégraphe à cadran un mécanisme imprimeur assez compliqué, mais dont le principe est exactement le même que celui du télégraphe de démonstration dont nous avons parlé. Seulement, un seul fil peut suffire pour faire marcher le double appareil, auquel nul mécanisme d'horlogerie n'est venu en aide. Pour faire agir l'électro-aimant de l'appareil imprimeur au moment où la lettre en relief est arrêtée, M. Siemens a recours à une propriété de l'électro-magnétisme, qui, si elle existe, ne doit pas se comporter toujours d'une manière bien sûre. En effet, il prétend que l'électro-aimant qu'il emploie alors est construit de telle manière qu'il ne peut s'aimanter suffisamment pour fonctionner, que quand l'intervalle de temps de la fermeture du courant est appréciable; or, que dans le mouvement continu et saccadé de l'aiguille de son télégraphe, les interruptions et fermetures du courant sont trop rappro-

chées pour déterminer un mouvement complet de l'électro-
aimant imprimeur.

*Télégraphe imprimeur de M. Brett.* — C'est le plus
parfait de tous et en même temps le plus ingénieux. Dans ce
télégraphe comme dans le précédent, la roue des types et le
levier-imprimeur sont mus par des mouvements d'horlogerie
spéciaux, disposés de telle manière que celui de ces mouvements, qui correspond au levier-imprimeur, est commandé
par celui de la roue des types, qui lui-même est commandé
par un électro-aimant interposé dans le circuit de la ligne.
C'est par l'intermédiaire d'une ancre d'échappement que
s'effectue le jeu de cet électro-aimant, et la roue des types
n'est autre que la roue d'échappement elle-même. Dans cette
roue, les types ou caractères d'acier sont soudés sur son
exergue, de sorte que l'échappement ne peut se faire que
sur des chevilles implantées latéralement près des bords de
la circonférence. Ces chevilles, du reste, ont été utilisées
d'une manière fort ingénieuse à la détente du mécanisme-
imprimeur, comme nous allons le voir.

Le cylindre-presse sur lequel est placé le papier qui doit
être imprimé, est fixé sur un axe horizontal, muni d'une
vis sans fin, qui peut lui donner un mouvement de translation, à mesure que s'opère le mouvement de rotation nécessité par le placement des différentes lettres les unes à côté
des autres. Ce cylindre, disposé à portée de la roue des types
(laquelle est verticale), peut, par le moyen de deux bielles
à excentriques, être pressé contre cette roue et recevoir
ainsi l'empreinte du type qui se présente en ce moment à sa
portée.

C'est par le moyen d'un double compas dont le sommet de
l'angle sert de coussinet à l'axe du cylindre et dont chacune
des branches est articulée, l'une au bâtis de l'appareil, l'autre
à chacune des bielles, que le mouvement de va-et-vient de ce

cylindre s'effectue; aussi l'inventeur a-t-il profité de cette disposition pour lui communiquer le mouvement de rotation saccadé dont nous avons parlé. Il lui a suffi, pour cela, d'adapter au cylindre, sur le même axe que lui, une roue à rochet et de fixer sur le châssis de l'appareil un encliquetage de retien. Alors, le mouvement oscillatoire de gauche à droite, communiqué au cylindre par les bielles, réagissait, par rapport à cet encliquetage, comme si celui-ci eût été, par le fait, un cliquet d'impulsion. Chaque pression exercée par le cylindre contre la roue des types, dégageait donc une dent de la roue à rochet, et chaque retour, en sens contraire, motivait un échappement.

Si ce système imprimeur et les excentriques qui le mettent en mouvement eussent été indépendants de la roue des types, le cylindre-presse, mû par son mouvement spécial d'horlogerie, aurait été dans un mouvement perpétuel de va-et-vient qui n'aurait jamais pu correspondre à aucune des lettres signalées. Mais, par un mécanisme très simple, M. Brett a fait en sorte que le mouvement du cylindre, exercé dans le sens de la pression, pût correspondre au passage de chaque lettre en son point de tangence avec la roue des types. Pour cela, il a muni l'axe horizontal unissant les deux bielles du système imprimeur d'une excentrique particulière, dont la partie la plus éloignée de l'axe était fendue de deux coupures transversales. Au-dessus de cette excentrique et appuyant sur les chevilles d'échappement de la roue des types, a été disposé un levier articulé dont l'extrémité libre, se trouvant tour à tour soulevée par les chevilles, pouvait fournir un mouvement de va-et-vient de haut en bas. Ce levier, armé d'un appendice métallique ou couteau, était en outre articulé à une tige en rapport avec un appareil hydraulique à soupape appelé *gouverneur*, installé dans le but de rendre facile le mouvement ascensionnel du levier, mais de rendre

lent et difficile son mouvement de descente, condition essentielle pour l'impression des types choisis, comme nous le
verrons tout-à-l'heure.

L'excentrique, dont l'action devait s'exercer sur le levier
précédent, était disposé de manière à ce que le butoir ou
couteau de ce levier pût appuyer sur elle au moment où le
levier lui-même se trouvait surhaussé par la cheville de la
roue des types sur laquelle il était engagé. Alors, ce couteau
venant à s'engager dans l'entaille de l'excentrique, le mouvement du mécanisme-imprimeur était paralysé. Mais, au
moment où le levier, abandonnant cette cheville qui l'avait
soulevé, retombait sur la cheville suivante, le couteau res-
sortait de l'entaille et laissait agir le mécanisme-imprimeur.

D'après cette disposition mécanique, on pourrait croire
que chaque intervalle des lettres de la roue des types, en
passant sous le levier de détente, aurait pour effet une impression. Mais il n'en est pas ainsi ; et c'est à cet effet que l'appareil hydraulique, appelé gouverneur, a dû être installé,
et que, par précaution, une seconde entaille a dû être pra-
tiquée à l'excentrique. On en comprendra facilement la
fonction, pour peu qu'on réfléchisse que la descente du
levier de détente, se faisant plus lentement que son mouvement ascensionnel, il n'a pas le temps de descendre suffisamment pour dégager le mouvement du mécanisme-imprimeur
lorsque les lettres passent sans qu'on veuille les signaler (1) ;
mais le temps d'arrêt ordinaire pour le signalement de ces
lettres suffit pour lever la détente, et ce n'est qu'alors que
l'appareil fonctionne.

L'appareil transmetteur de ce télégraphe a été combiné de
plusieurs manières par M. Brett. D'abord, il était à clavier
comme celui de M. Froment ; puis il s'est trouvé transformé
en interrupteur, à cadran mobile, tel que ceux qui sont

—————

(1) La roue des types fait 160 révolutions par minute.

employés le plus communément dans les expériences de cabinet.

La sonnerie, dans le système de **M. Brett**, fait partie de l'appareil récepteur lui-même ; elle consiste dans un timbre dont le battant est mis en branle par une cheville comme les *tocs* des moulins à blé.

Du reste, M. Brett a apporté dernièrement à cet instrument plusieurs perfectionnements qu'il est difficile d'apprécier sans figures. Le principal est une disposition par laquelle la roue des types revient après l'impression d'une lettre à un point de repère fixe, ce qui empêche les erreurs de s'accumuler. Dans une autre disposition donnée à cet appareil, l'impression, au lieu de s'opérer par l'action d'une excentrique, est l'effet d'une percussion exercée par un marteau ou mouton qui descend dans une coulisse verticale ; alors, la bande de papier se trouve entraînée entre la roue des types et le marteau par un mécanisme spécial. Enfin, les lettres, au lieu de s'imprimer au travers d'une bande de papier noirci, s'encrent en passant devant de petits rouleaux chargés de noir d'impression.

*Télégraphe imprimeur de M. Breguet.* — Depuis longtemps l'administration des télégraphes du Gouvernement Français stimule le zèle des mécaniciens pour résoudre le problème de l'impression prompte des dépêches fournies avec les signes du vocabulaire de Chappe par les télégraphes employés sur nos lignes. On n'a pas encore complétement réussi, bien que plusieurs instruments aient été construits dans ce but. Voici du reste le principe du mécanisme de ces télégraphes, lequel est extrêmement compliqué dans celui de M. Bréguet.

Si les huit positions de chaque aiguille de nos télégraphes sont gravées en relief (chacune en particulier) sur huit aiguilles mobiles, on pourra faire en sorte par la manière dont

seront disposés entre-eux les appareils transmetteurs et ré-
cepteurs de faire arriver à un point de repère fixe celle de ces
aiguilles qui portera le signe transmis. Supposons donc que
ce point de repère se trouve précisément au point de tangence
des circonférences décrites par les deux systèmes d'aiguilles
et admettons que là précisément se trouve disposée en  relief
une barre placée dans le sens de la ligne qui joint les centres
de ces deux systèmes, on concevra que les signes en arrivant
au point de repère des deux côtés de cette traverse, dessine-
ront le signe télégraphique. Pour l'imprimer, il ne s'agira
donc que de faire passer une bande de papier au-dessus, et
de la presser contre les reliefs, soit par l'intermédiaire d'une
excentrique mise en mouvement par un  mécanisme d'horlogerie détendu à temps, soit par un marteau ou mouton
tombant verticalement, et relevé ensuite par ce mouvement
d'horlogerie. Dans tous les cas, il faut que cette action mécanique soit suivie ou précédée d'une réaction sur les cylindres qui portent la bande de papier, de manière à la faire
avancer d'une distance suffisante pour que les signes ne se
superposent pas.

*Appareils accessoires des lignes Télégraphiques.*

En outre des appareils télégraphiques dont nous avons parlé,
un poste télégraphique doit avoir sa pile, son galvanomètre,
son relais, ses interrupteurs et ses commutateurs. Quant à
la ligne elle-même, elle doit avoir ses *poteaux souteneurs*
des fils, ses *poteaux extenseurs* des fils, et ses parafoudre.

*Poteaux.* — Tout le monde a pu voir, échelonnés de
distance en distance (environ à 50 mètres), sur les lignes
des chemins de fer, ces différents genres de poteaux qui
sont d'une construction fort simple. Cependant, comme le
mode de soutènement des fils exige certaines précautions,

il ne sera pas inutile de nous arrêter quelques instants à leur disposition.

En France, les poteaux souteneurs des fils, sont des soliveaux de sapin, de 6 à 9 mètres de hauteur environ, que l'on injecte de sulfate de cuivre, d'après le procédé Boucherie, pour augmenter la durée de leur conservation, et sur lesquels on fixe les plaques de porcelaine qui servent de support aux fils. La forme de ces plaques n'est pas indifférente, car les fils de la ligne n'étant pas garnis d'une substance isolante, l'électricité pourrait se perdre facilement par les temps de pluie, s'il pouvait y avoir une communication humide du poteau au fil. La forme qui a été jugée être la meilleure est celle d'une cloche portant en guise de battant le crochet métallique qui soutient le fil. Avec cette disposition, en effet, le pied de ce crochet est toujours abrité.

En Angleterre, chaque poteau est recouvert d'un toit et porte à son extrémité supérieure une rainure, dans laquelle se trouvent fixés de doubles cônes en faïence brune au travers desquels passent les fils de la ligne.

En Allemagne les supports sont en verre et surmontent le poteau; ils se terminent par une espèce de champignon à bouton également en verre autour duquel s'entortille le fil de la ligne.

Les poteaux extenseurs ont un volume plus considérable que les autres, car ils doivent résister à la traction assez forte qu'on exerce sur les fils pour les tendre; ils portent de petits mécanismes à roues d'échappement au moyen desquels on assure le détirement du fil; de petits toits abritent ces mécanismes, et les petits treuils sur lesquels s'enroule le fil détiré sont en porcelaine.

Il n'est pas nécessaire pour qu'une ligne télégraphique puisse fonctionner que les fils soient ainsi suspendus. On peut les enterrer, et ce serait un avantage si cela n'était pas si cher; on peut même les faire traverser l'eau et les terrains humides, mais il faut alors qu'on les isole, soit en les recouvrant de gutta-percha, soit en les recouvrant de coton imbibé de goudron jusqu'à saturation. Alors on les rassemble dans des tuyaux de plomb ou de zinc recouverts d'une corde goudronnée. De distance en distance, les bouts des divers fils ressortent ensemble de terre et sont fixés à des poteaux appelés *poteaux visiteurs*. Dans ce cas, au lieu d'être en fer galvanisé, comme ils le sont sur des lignes télégraphiques ordinaires, les fils sont en cuivre, parce que, sous un beaucoup plus petit volume, ils conduisent aussi bien l'électricité.

Dans le télégraphe sous-marin de Douvres à Calais, les fils de cuivre, au nombre de quatre, sont très fins et noyés dans un câble de gutta-percha qui est lui-même enveloppé dans un câble de fer. Le tout plonge au fond de la mer, et ce câble, ainsi composé, s'est trouvé avoir assez de solidité pour retenir, sans se casser, l'ancre d'un navire en dérive.

Nous savons ce que c'est qu'un galvanomètre; et comment sont disposées les piles de Daniell, ou à sable, dont on se sert sur les lignes télégraphiques françaises et anglaises; il nous reste à parler des *relais*, des *parafoudres* et des appareils au moyen desquels on peut reconnaître l'endroit où un fil de la ligne est rompu.

*Relais.* — Malgré tout le soin que l'on peut prendre pour isoler les fils des lignes télégraphiques, on ne peut jamais le faire qu'imparfaitement, et une foule de courants dérivés, qui proviennent en grande partie de la conductibilité de la vapeur d'eau répandue dans l'air, diminuent considérablement l'intensité du courant, surtout dans la partie moyenne de la ligne. D'un autre côté, nombre d'autres courants dérivés, dûs à l'électricité atmosphérique et même au magnétisme terrestre, comme le prouvent les expériences de MM.

Barlow et Baumgartner, sont une cause perpétuelle d'inégalité d'action électrique qui augmente avec la hauteur à laquelle le fil est placé et l'orientation de sa direction (1). Bien plus même, ces courants accidentels changent de sens, suivant qu'il fait nuit ou qu'il fait jour, suivant que les nuages orageux marchent dans une direction ou dans l'autre. Enfin, il n'est pas jusqu'aux aurores boréales qui ne produisent un effet électrique très marqué sur les lignes télégraphiques. On conçoit d'après cela, combien l'usage du galvanomètre et du rhéostat devient essentiel pour que l'on puisse ajouter le nombre d'éléments de pile nécessaires pour obtenir la tension électrique voulue pour la marche des instruments. Ce pendant, il est un moyen qui peut suppléer jusqu'à un certain point à cette nécessité du renforcement de la pile, c'est d'introduire dans le circuit les piles des différentes stations. L'appareil au moyen duquel s'effectue cette manœuvre a pris le nom de *Relais*.

Ce genre d'appareils dont l'invention réclamée par MM. Morse et Breguet, est due par le fait à Wheatstone a été combiné de plusieurs manières, et même dans un but différent ; on peut en effet, les employer aussi bien pour obtenir une succession de courants, dans deux circuits différents, que pour renforcer l'effet d'un courant, quand on doit agir à une grande distance. Le principe de l'instrument est toujours le même.

Le relais de Wheatstone consistait dans un fort galvanomètre, dont l'aiguille, placée verticalement, portait normalement

(1) Dans les pays de montagnes, ces courants accidentels prennent une si grande intensité que souvent à certaines heures du jour ils opposent un obstacle invincible à la transmission de signaux. Quant à l'effet produit par l'orientation de la ligne, il est à son maximum quand celle-ci va du nord-est au sud-ouest, et à son minimum quand elle va du sud-ouest au nord-est.

à son axe, une petite tige métallique, équilibrée et terminée à l'une de ses extrémités, par une fourche métallique. Cette fourche était placée à portée de deux petites capsules remplies de mercure, où aboutissaient les fils du second circuit, correspondant à la pile supplémentaire, et le galvanomètre était en rapport avec le premier circuit, c'est-à-dire celui du transmetteur

Lorsqu'une fermeture du courant était faite sur ce dernier circuit, l'aiguille du galvanomètre, placé à la station intermédiaire, était déviée et, en s'inclinant, abaissait la fourche qu'elle portait dans les capsules de mercure, alors le courant se trouvait fermé dans le second circuit. Quand, au contraire, le premier circuit était ouvert, l'aiguille du galvanomètre revenant à sa première position, retirait la communication entre les deux capsules, et le second circuit se trouvait également interrompu. Ainsi dans cet appareil, les fermetures et les interruptions des courants, s'opéraient en même temps dans les deux circuits, malgré leur isolement, et par conséquent, pouvaient agir sur l'appareil récepteur de la station la plus éloignée, comme aurait pu le faire un seul courant.

Quelqu'ingénieux que fût cet appareil, il ne put être appliqué avantageusement, à cause des inconvénients inhérents aux interrupteurs et commutateurs à mercure : aussi chercha-t-on à résoudre le problème par les aimants temporaires, ce qui fut très facile : qu'on suppose, en effet, à la station intermédiaire, un électro-aimant dont l'armature est en rapport avec l'une des branches du circuit de la pile supplémentaire, tandis que son fil est interposé dans le premier circuit. On comprendra que pour fermer le second circuit, sous l'influence du premier, il suffira de placer au devant de l'armature, un butoir en connexion avec la seconde branche du circuit de la pile supplémentaire ; car, chaque fermeture du premier circuit ayant pour effet l'abaissement de l'armature, cet abaissement établit le contact métallique entre les deux branches du second circuit qui se trouve dès lors fermé. On correspond donc de cette manière, comme si les deux courants n'en faisaient qu'un. Mais, si au contraire le butoir métallique en rapport avec le second circuit était placé en dehors de l'armature de l'électro-aimant relais, la fermeture de ce circuit ne se ferait qu'au moment de l'interruption du courant dans le premier circuit, car, c'est en se relevant sous l'effort de son ressort antago-niste, que l'armature pourrait établir le contact métallique entre les deux branches du second circuit; alors dans ce cas, celui-ci ne commencerait à agir que quand le premier aurait cessé.

Tous les relais construits par MM. Breguet, Kramer, Brett, etc., ont été établis d'après ce principe, et ils ne peu-vent varier que par la forme et la disposition des différentes pièces qui les composent.

*Parafoudres.* — Si l'électricité atmosphérique réagit d'une manière continue sur les lignes télégraphiques en créant des courants accidentels qui paralysent l'action du courant voltaïque, on comprend aisément que ces lignes sont particu-lièrement exposées à être foudroyées; alors les appareils se trou-vent fondus aux différentes stations, les poteaux sont renversés et les employés courent de grands dangers. Plusieurs accidents de ce genre ont déjà eu lieu et, entre autres effets extraor-dinaires qui ont été signalés, on a remarqué qu'une couche de glace d'un pouce d'épaisseur s'était formée autour des fils conducteurs. On a donc dû se préoccuper de la question de préserver, autant que possible, les lignes télégraphiques de ces effets désastreux. En Angleterre, les parafoudres que l'on a employés dans ce but sont d'abord de petits paratonnerres qui surmontent chaque poteau et qui ont une communication directe avec le sol et, en second lieu, un petit instrument

interposé dans le courant, à chaque station, qui a pour effet
de préserver les instruments en cas de foudroiement de la
ligne par la fusion d'un fil très fin, auquel l'électricité
atmosphérique est forcée de parvenir.

En Allemagne, les parafoudres sont plus simples; deux
plaques métalliques très larges, isolées l'une de l'autres par
plusieurs replis d'étoffe de soie, sont placées sur des supports
en faïence au-dessus du toît du poste télégraphique. Un seul fil
très fin réunit les deux plaques et ferme le circuit. En raison
de la différence des sections métalliques, il arrive que la foudre, conduite par le fil de la ligne, s'accumule dans l'une
des deux plaques, fond le fil interposé et se porte sur la seconde
plaque sans pénétrer dans les appareils.

Il existe beaucoup de systèmes de parafoudres, mais,
comme ils reposent tous sur le même principe, nous ne nous
y arrêterons pas davantage pour le moment.

Quant aux appareils pour reconnaître la rupture des fils,
il faudrait, pour qu'on puisse en comprendre le fonctionne-
ment, recourir aux formules des lois de Ohm et Pouillet,
sur lesquelles nous ne nous sommes pas étendus  En conséquence, nous ne ferons que les signaler, et nous réserverons
la fin de ce chapitre sur le télégraphe électrique, à l'histoire
de l'installation des principales lignes d'Europe et d'Amérique.

*Lignes télégraphiques établies.* — M. Wheatstone avait
répété au collége de France, en 1837 et 1840, ses curieuses
expériences de télégraphie électrique, en présence d'un
grand nombre de savants, sans que de si étonnants résultats
eussent excité assez l'attention pour qu'on songeât immédiatement à les reproduire en grand. Il était décrété que
l'Angleterre et l'Amérique nous précéderaient de toutes les
manières dans cette magnifique application des sciences, et
que nous consentirions encore cette fois à nous laisser traîner
tristement à la remorque d'une nation rivale. Nous nous

étions résignés de si bon cœur à accepter d'elle la navigation
à vapeur inventée par nous, à copier servilement ses chemins
de fer, nous avions eu si bien le malheureux courage de
nous laisser devancer par les plus petites nations, nous avions,
en un mot, fait preuve d'une si effrayante inertie, que s'il
faut s'étonner de quelque chose, c'est que nous ayons enfin
un télégraphe électrique. (L'abbé Moigno. *Télégraphie électrique.*)

La télégraphie électrique n'a étendu nulle part son
mystérieux réseau avec autant de rapidité et de succès que
dans les États-Unis de l'Amérique du Nord. Nulle part aussi
on n'a conçu aussi promptement et l'on n'a exécuté avec un si
admirable élan la pensée heureuse de mettre le commerce et
l'industrie privée en possession de ce tout puissant moyen de
communication.

La première ligne télégraphique américaine fut établie en
mai 1844, entre Washington et Baltimore, sur une longueur
de 40 milles; en 1845, elle fut prolongée jusqu'à Philadel-
phie et Boston; enfin, aujourd'hui, c'est-à-dire, en juillet
1849, la somme totale de toutes les lignes établies en Amérique fournissait une longueur de 10,885 milles.

Les premiers essais de télégraphie électrique faits en Angleterre datent de 1842; les expériences furent faites sur le
chemin de fer du Great-Western et sur le plan incliné de
Blackwall. Mais ce n'est qu'en 1846 que la compagnie des
télégraphes électriques fut créée et que la première ligne
importante fut installée. En ce moment, la somme totale
des différentes lignes forme une longueur de **2,225** milles.

A l'Allemagne, comme nous l'avons dit précédemment,
appartient la gloire d'avoir établi les premières correspon-
dances de télégraphie électrique au moyen de l'appareil de
Steinheil. Les premières grandes lignes furent établies entre
Mayence et Francfort et entre Berlin et Postdam. Voici les différentes longueurs des lignes que possèdent les différents États :

Prusse. . . . . . . . . . . . . .    600 lieues.
Autriche , environ. . . . . . . . . . .    1,000
Saxe. . . . . . . . . . . . . . . . .    150
Bavière. . . . . . . . . . . . . . . .    218

Il existe encore plusieurs autres lignes dans les petits États d'Allemagne qui portent le total à environ 2,000 lieues.

C'est seulement en 1845, 'malgré le mauvais vouloir de l'administration des télégraphes et peut-être même un peu du gouvernement, que se firent, sur la proposition de M. Arago aux Chambres, les premiers essais de la télégraphie électrique en France. On expérimenta d'abord entre Paris et Versailles, puis de Paris à Rouen, et on put s'assurer que , malgré les doutes qui s'étaient élevés sur l'exactitude des allégations de M. Wheatstone, les deux télégraphes pouvaient parfaitement fonctionner sans station intermédiaire. Dès-lors, on commença à s'occuper sérieusement de cette question, et les quelques lignes que nous possédons furent successivement établies le long des chemins de fer. Elles ne forment , en somme, une longueur guère plus grande que 300 lieues. Du reste, le nouveau gouvernement ayant compris la nécessité de ces lignes télégraphiques, vient d'en décréter l'établissement d'un grand nombre (1).


## II.

### Sonneries électriques.

Dès que fut résolu pour la télégraphie électrique le problème de la mise en mouvement d'une alarme, d'un carillon

(1) Voir la notice de M. Babinet sur cette question. (*Revue des deux Mondes*, 1ᵉʳ semestre 1853.)

ou d'un réveil, il dut venir naturellement à la pensée d'utiliser ce moyen à la sonnerie des cloches et des sonnettes pour les usages domestiques. Cependant telles qu'elles sont, en général, installées dans les télégraphes, ces sonneries n'auraient guère été susceptibles d'application usuelle, à cause de la complication de leur mécanisme et de leur prix élevé. Aussi n'est-ce que depuis fort peu de temps que le problème a été résolu sous ce rapport.

L'usage des sonneries électriques est en ce moment très répandu en Amérique, et depuis plusieurs années une sonnerie de ce genre a été installée à la Chambre des communes en Angleterre. Il est probable que cette application curieuse prendra tous les jours une nouvelle extension : on pourra faire sonner ainsi à distance des cloches même très pesantes, sans qu'il soit besoin d'imprimer un mouvement aux fils de communication et sans qu'on ait recours, pour l'installer, à aucuns mécanismes accessoires, à aucuns leviers ; il suffira de fils très fins qu'on ne sera pas forcé de tendre, qui pourront suivre tous les détours imaginables, et d'une pile à effet constant, dont l'action se continuera des semaines entières sans qu'on ait besoin d'y apporter la plus petite attention.

*Sonnerie électrique télégraphique de Jules Mirand.* — Le système de sonnerie usuelle le plus perfectionné jusqu'à présent est celui de M. Jules Mirand (1). On en comprendra toute l'importance quand on saura que sa sonnerie constitue en même temps une espèce de télégraphe domestique propre à la transmission d'ordres ou de signaux et peut servir d'alarme dans des cas d'effraction.

Avec cet instrument, d'une simplicité de construction extrême, aucun dérangement n'est possible, et si son prix

(1) M. Jules Mirand, constructeur rue du Petit Pont, n° 10, à Paris, a été breveté pour ce système.

plus élevé que celui des sonnettes lui donne un désavantage
sur celles-ci, ce désavantage est bien vite compensé par l'économie que l'on peut faire sur les frais d'installation et les
réparations qui sont fréquentes et fort chères avec les sonnettes
ordinaires. D'ailleurs, chacun peut disposer au besoin son
appareil comme il lui convient, sans le secours d'aucun
ouvrier.

Comme tous les appareils électriques télégraphiques ou
appareils dans lesquels l'électricité doit agir à distance, la
sonnerie en question se compose d'un mécanisme *transmetteur* et d'un appareil *récepteur*, dont la disposition comporte l'addition de plusieurs mécanismes accessoires à l'aide
desquels on peut reconnaître le lieu d'où est parti le signal et
avertir que ce signal a été entendu et compris.

Dans une sonnerie simple, le mécanisme transmetteur
consiste dans un petit mascaron ou disque en bois de palis-
sandre, au centre duquel se trouve un bouton d'ivoire qu'un
ressort maintient sans cesse en dehors du disque. Une des
branches du courant arrive à ce ressort qui se termine, sous
le bouton même, par un petit butoir d'argent. Comme au-
dessous de ce petit butoir se trouve une lame métallique fixe
en rapport avec l'autre branche du courant, on comprend
qu'il suffit d'appuyer le doigt sur le bouton d'ivoire pour fermer le courant et faire marcher la sonnerie.

Si l'on ne fait que toucher instantanément le bouton, un
seul coup sec est frappé sur le timbre, mais si on appuie un
peu plus longtemps on obtient un roulement qu'il est très
facile de distinguer du coup isolé. En combinant entre eux
les roulements avec les coups isolés on obtient, en outre des
des lettres de l'alphabet et des chiffres, soixante-deux combinaisons auxquelles on peut attribuer tel ou tel sens avec cinq
pressions successives.

Pour obtenir, sur l'appareil récepteur ou la sonnerie pro-

prement dite, ces coups distincts et ces roulements à l'aide
desquels on a pu faire ainsi un alphabet et même un vocabulaire télégraphique, il a fallu nécessairement renoncer aux
mouvements d'horlogerie, car ceux-ci n'auraient pu fournir
à volonté ce tintement de nature différente. L'inventeur a
donc dû recourir aux réactions magnétiques des courants,
et c'est l'interrupteur de De La Rive qui lui est venu en aide
pour résoudre le problème. Qu'on suppose placée à portée
d'un électro-aimant vertical, une armature de fer doux
soudée par l'une de ses extrémités à un ressort fixe, et portant à l'autre extrémité une tige à marteau; qu'on suppose
ensuite, appuyé contre cette armature, du côté opposé à l'é-
lectro-aimant, un autre ressort en rapport direct avec l'une
des branches du courant, tandis que l'autre branche,
passant par le fil de l'électro-aimant, viendra aboutir au
ressort sur lequel l'armature est soudée, et on aura une idée
de tout le mécanisme de cette sonnerie. Il va sans dire qu'un
timbre se trouve à portée du marteau de l'armature. Pour
en comprendre le jeu, il suffit de considérer que le courant
n'est établi dans l'électro-aimant qu'au moment où l'armature touche le ressort qui est derrière elle. En ce moment elle
se trouve donc être attirée; mais, en se séparant de ce ressort,
le courant est rompu et, en conséquence, elle revient
à sa première position pour être aussitôt après attirée, puis
repoussée, et ainsi de suite. C'est précisément cette espèce
de vibration qui, en faisant osciller très rapidement le marteau, donne lieu au roulement dont nous avons parlé. Mais
ce roulement ne peut se manifester que quand le courant
peut agir pendant un temps appréciable; quand, au contraire, il n'est fermé qu'instantanément, il ne peut se produire
qu'une seule vibration et, par conséquent, un seul coup est
frappé.

Comme nous l'avons dit, M. Mirand a adjoint à sa sonnerie un appareil, au moyen duquel les différents numéros des chambres ou salles qui doivent avoir rapport avec la sonnerie se trouvent désignés en même temps que se fait entendre le signal. Il consiste essentiellement dans un cadre percé d'autant de guichets qu'il y a de chambres en rapport avec la sonnerie. Derrière chacun de ces guichets peut glisser une plaque sur laquel le numéro de la chambre correspondante est gravé; et cette plaque porte à son extrémité supérieure un trou d'arrêt au moyen duquel on l'accroche sur le rebord d'un ressort de fer placé verticalement derrière elle. Ce ressort lui-même n'est autre chose que l'armature d'un très petit électro-aimant interposé dans le circuit, qui va de la chambre à la sonnerie et qui, par conséquent, agit en même temps qu'elle. Or, si en son point de repos cette petite armature tient élevée la plaque numérotée, il faut nécessairement qu'elle la laisse tomber quand elle se trouve attirée par le petit électro-aimant correspondant, alors le chiffre apparaît dans le guichet.

Maintenant, si l'on adapte à l'appareil transmetteur un petit mécanisme semblable au précédent, avec cette seule différence qu'au lieu d'un numéro écrit sur la plaque du guichet ce soient les mots *on vient* ou *c'est compris,* et si l'électro-aimant de ce petit mécanisme se trouve interposé dans un circuit particulier dont la fermeture ne s'opère qu'au moment où les plaques mobiles du cadre aux numéros se trouvent relevées par le domestique ou l'employé qu'on a appelé, il arrivera qu'en ce moment même la plaque de l'appareil transmetteur s'abaissera et montrera que le signal a été compris.

Ainsi, comme on le voit, toutes les questions qui se rattachent aux sonneries se trouvent résolues avec cet appareil et les mécanismes accessoires qui l'accompagnent. Une pile de Daniell, de dix éléments, qui ne dépense guère plus de cinquante grammes de sulfate de cuivre tous les quinze jours, suffit pour faire marcher non-seulement l'appareil complet mais plusieurs autres encore à la fois.

Quand on veut appliquer cet appareil à la garde de lieux ou de meubles secrets, il suffit de placer le bouton transmetteur près de la porte qui doit être ouverte, et de disposer au-dessus de ce bouton, un levier coudé articulé à la porte elle-même; il arrive alors qu'au moment même où celle-ci s'ouvre l'une des branches du levier appuie sur le bouton et donne l'éveil, soit dans la maison même, soit dans la maison voisine.

*Sonnerie électrique de M. Froment.*—Dans ses sonneries M. Froment ne fait frapper au marteau ou battant qu'un seul coup, comme cela a lieu dans les sonnettes à timbre installées dans beaucoup d'appartements de Paris. Il n'a pas indiqué les mécanismes qu'il emploie, mais il est très facile d'obtenir ce résultat avec un simple ressort à barillet agissant sur une roue à rochet ou à Cames, dont les dents sont très développées et peu nombreuses.

La tige du battant fait alors bascule et laisse dépasser son plus petit bras de levier, de manière à ce qu'il soit rencontré par les dents de la roue. Un ressort antagoniste rappelle d'ailleurs le battant vers le timbre. Si la détente de la roue est disposée de manière à la laisser libre lorsque le battant est près du timbre, la roue en opérant sa rotation relève ce battant et le pousse contre le ressort jusqu'à ce que la dent ait passé; alors il retombe avec force contre le timbre et la détente se trouve abaissée, si l'on a eu soin d'interrompre à temps le courant. Au contraire, il recommence à être soulevé et à frapper un nouveau coup, si le courant reste fermé.

Le transmetteur de la sonnerie de M. Froment paraît, du reste, être le même que celui de la sonnerie de M. Mirand, mais les plaques des numéros des chambres, au lieu de s'a-

baisser se relèvent ; action due vraisemblablement à la détente d'un ressort.

Toutes les sonneries qui ont été faites jusqu'ici, ont été
mises en tintement par des battants ou par des marteaux (ordinairement au nombre de 4), articulés à des leviers. Dans ce
cas, ces leviers sont disposés en croix et fixés par leur point de
croisement sur un axe, qui est mis en mouvement par un
mécanisme d'horlogerie. Au moment où cet axe tourne, les
marteaux sollicités par la force centrifuge, s'écartent et rencontrent le timbre qui les force de se replier pour passer. Les
premières sonneries de M. Breguet ont toutes été faites dans
ce système, mais l'ébranlement occasionné par la rapidité des
coups , a dû le faire renoncer à son emploi pour les télégraphes électriques. Cependant dans plusieurs circonstances
ce genre de marteaux doit être employé surtout quand on
agit sur de grosses cloches.

*Sonnerie pour les cloches de signal de M. Th. Du Moncel.*
— Dans la plupart des établissements publics ou privés et sur
les grands travaux on emploie ordinairement la sonnerie des
cloches comme signal des heures de reprise et de cessation du
travail; or, il arrive le plus souvent que ceux qui sont chargés de ce soin n'y apportent pas toute l'exactitude désirable.
J'ai eu l'idée, pour éviter cet inconvénient, de faire agir sur
les cloches l'horloge elle-même par l'intermédiaire de l'électricité, et voici comment j'ai disposé l'appareil :

L'horloge devant servir de transmetteur a été organisée de
manière à ce que l'aiguille des heures, au lieu de faire un
tour du cadran en douze heures le fasse seulement en
vingt-quatre , et puisse rencontrer, dans sa course un ou
plusieurs petits butoirs métalliques à curseur, fixés par des
vis de pression sur une circonférence métallique appliquée
sur le cadran. Il va sans dire que cette aiguille se termine
par un ressort ou plutôt par un levier articulé et appuyé

contre un ressort, car, sans cela, elle serait arrêtée dans sa course par les butoirs. L'aiguille des minutes a une disposition analogue; et, les butoirs qu'elle doit rencontrer sont placés sur une seconde circonférence concentrique à la première, mais dont elle doit être isolée. On conçoit, d'ailleurs, que les butoirs de la circonférence interne doivent être assez bas pour que l'aiguille des minutes ne les rencontre pas.

L'appareil étant ainsi disposé, on comprend facilement que si l'une des circonférences métalliques du cadran est en rapport avec l'un des pôles de la pile, et que l'autre circonférence communique à l'autre pôle, le courant sera fermé toutes les fois que les deux aiguilles se trouveront en contact simultané avec un butoir de chaque circonférence. Si donc on dispose ces butoirs de manière à correspondre aux différentes heures où l'on veut faire sonner la cloche, le courant électrique pourra agir en ces moments-là seulement sur la sonnerie, et la durée de son action dépendra du temps que le ressort de l'aiguille des minutes sera en prise avec le butoir correspondant.

Il est pourtant certaines conditions d'exécution sans lesquelles ces différentes pièces ne peuvent régulièrement fonctionner. Ainsi, il arrive souvent que les leviers à ressorts placés au bout des aiguilles se mettent à vibrer, quand ils rencontrent les butoirs et occasionnent plusieurs interruptions du courant au lieu d'une. Pour éviter cet inconvénient, je fais en acier trempé ces petits leviers à ressorts, et après les avoir aimantés, je les galvanise, soit en argenture, soit en dorure. J'en fais autant des butoirs qui doivent être alors en fer doux. Cette légère couche d'or ou d'argent, ainsi appliquée, ne paralyse pas l'effet d'attraction de l'aimant sur le fer, mais elle empêche l'oxydation de l'étincelle qui, à la vérité, est à peine visible avec les courants de Daniell. La fonction du magnétisme dans cet interrupteur se comprend aisément si l'on réfléchit que le collage du fer contre l'aimant empêche toute vibration.

Comme la sonnerie des cloches de signal doit être puissante, c'est un mouvement d'horlogerie, une espèce de tourne-broche, qui fait mouvoir le mécanisme à marteaux articulés, qui doit faire tinter la cloche. L'électricité n'agit que pour soulever ou abaisser la détente de ce mouvement en temps opportun, par l'intermédiaire d'un électro-aimant interposé dans le circuit. Deux fils, et même un seul, quand la distance est grande, suffisent donc pour faire marcher chaque sonnerie, et une pile de dix éléments de Daniell a assez de force pour faire agir trois et même quatre sonneries à la fois.

Quand il s'agit d'une faible sonnerie, l'électro-aimant de la détente a toujours assez de force pour l'attirer, et cette détente ne court pas risque d'être brisée par l'arrêt brusque d'une roue en mouvement, mais dans des sonneries aussi puissantes que celle dont il est ici question. Ces obstacles méritent consi-dération. Or, voici le système de détente qui m'a le mieux réussi.

Sur l'arbre du tourne-broche qui porte la vis sans fin et le volant, j'ai fixé un disque métallique armé d'une seule dent de rochet. Un peu au-dessus de ce disque, et dans le même plan que lui, se trouve l'électro-aimant et son arma-ture qui porte perpendiculairement à sa plus grande surface, c'est-à-dire perpendiculairement au plan de l'électro-aimant un fort butoir d'acier. Un ressort antagoniste tend à appuyer ce butoir contre la circonférence du disque, et lorsque la dent de ce disque le rencontre, la pression doit se faire dans le sens de l'axe de l'armature. Pour soutenir cette pression sans inconvénient, l'armature est percée dans son épaisseur d'une rainure dans laquelle s'engage un butoir coudé, scellé sur l'électro-aimant lui-même. Quand l'armature est soulevée, ce butoir touche l'un des bouts de la rainure; quand, au contraire, elle est attirée, il ne touche rien. Il s'ensuit alors que le choc porte principalement sur le butoir et non sur la goupille d'articulation de l'armature.

Le volant à marteaux articulés est fixé sur le même axe que le disque d'arrêt et remplace le volant des tourne-broches ordinaires. Seulement, au lieu d'être fixé sur cet axe, il ne fait que pivoter dessus, et c'est une lame de ressort engagée entre ses branches qui lui communique le mouvement dont l'axe est animé. Quand la détente est lâchée, le volant se trouve donc ainsi mis en mouvement, mais quand le disque est arrêté, le ressort au lieu de donner au volant une impulsion le retient, seulement comme il ne peut résister à sa vitesse acquise, il s'affaisse et laisse passer ses différents bras jusqu'à ce que son mouvement soit éteint.

De cette manière, aucun choc brusque n'est apporté à la détente et aucun frottement ne gêne l'action de l'électro-aimant.

Pour remonter le mécanisme de la sonnerie, on peut se servir, comme pour les tourne-broches ordinaires, d'une clé ou d'une manivelle; mais si ce mécanisme est placé à une hauteur telle qu'on ne puisse l'aborder aisément, ce qui arrive souvent, on est obligé d'avoir recours à une chaîne de Vaucanson que l'on engrène sur une roue à dents pointues adaptée à l'axe même du treuil sur lequel est enroulée la corde du poids.

Avec un appareil plus compliqué, on peut faire en sorte que le mécanisme lui-même se trouve remonté sans cesse, sous la seule influence du vent.

# III.

## Horlogerie électrique.

Le Bulletin de l'Académie de Bruxelles constate qu'avant le huit octobre 1840, M. Wheatstone avait appliqué le principe de son télégraphe à faire lire simultanément, en un grand nombre de lieux, l'heure donnée par une seule horloge régulatrice ou, en d'autres termes, qu'il était parvenu à télégraphier l'heure, comme il avait télégraphié l'expression d'une pensée ou d'une volonté quelconque. Dans ce but, la roue destinée à fermer ou à rompre le circuit, au lieu d'être mise en mouvement au moyen du doigt, comme dans le télégraphe, était rendue extrêmement légère et recevait sa rotation de l'arbre d'un mouvement d'horlogerie; les aiguilles du cadran fixe, placé à distance, étaient mues par le même moyen absolument que le cadran du télégraphe, enfin, les fils qui établissaient la communication entre l'horloge et l'instrument qui devait répéter son mouvement, pouvaient, comme dans les télégraphes électriques, avoir toute longueur voulue et comprendre dans le circuit un nombre quelconque de ces instruments répétiteurs.

Malgré la notoriété publique de sa découverte, M. Wheatstone fut attaqué par plusieurs physiciens, entre autres M. Bain, qui revendiquaient la priorité de l'invention. Bien qu'ils n'aient pu fournir de preuves suffisantes à l'appui de leurs prétentions, il peut bien se faire que l'idée de cette application leur soit venue tout aussi bien qu'à M. Wheatstone; car il arrive souvent que des découvertes importantes se trouvent faites simultanément par plusieurs personnes, témoin celle de la pesanteur de l'air.

Quoiqu'il en soit, l'horlogerie électrique peut avoir deux

buts très distincts à remplir ; d'abord de fournir l'heure indépendamment de tout système d'horlogerie ordinaire ; en second lieu, de la distribuer dans tel nombre d'endroits qu'il convient, par l'intermédiaire de cadrans compteurs. Ce dernier but est évidemment le plus utile, car il est facile de comprendre de quelle commodité serait, pour une ville, comme pour les chemins de fer et les grands établissements industriels, dans lesquels les ateliers sont disséminés, la répartition parfaitement exacte de l'heure d'après un chronomètre unique. Bien que le problème ait été en partie résolu par plusieurs mécaniciens, et, en particulier, par **M. Paul Garnier**, de Paris, il laisse encore quelque chose à désirer ; mais il est évident que, dans un avenir peu éloigné, ce mode de répartition de l'heure sera établi dans les principales villes d'Europe et sur toutes les lignes des chemins de fer.

### Compteurs électro-chronométriques.

*Compteur électro-chronométrique de M. Paul Garnier.* —Les compteurs électro-chronométriques de **M. Paul Garnier** fonctionnent d'après une pendule ordinaire ou horloge-type qui sert de régulateur, et c'est sur l'un des axes à grande vitesse du mécanisme de la sonnerie de cette horloge-type qu'est pris le mouvement qui doit mettre en jeu l'interrupteur du circuit correspondant aux compteurs. A cet effet, cet axe est muni d'un système d'ailettes (au nombre de trois) qui peuvent encombrer le mouvement de la sonnerie lorsque l'une d'elles est engagée entre les dents d'une étoile d'acier montée sur la roue d'échappement de l'horloge, mais qui le dégagent de six en six secondes, à mesure que s'échappent les dents de l'étoile sous l'influence de la roue d'échappement. L'axe sur lequel est fixé ce système d'ailettes porte en même temps une espèce d'étoile à trois dents qui peut, en tournant, soulever un levier coudé métallique mis en rapport avec l'une des branches du courant, et ce levier, muni à l'autre extrémité d'un appendice de métal non oxydable, peut rencontrer un ressort à pointe d'or auquel aboutit l'autre branche du courant. Il en résulte que quand le mouvement de l'axe aux ailettes se trouve dégagé, la dent de l'étoile correspondante à l'ailette qui s'est échappée soulève le levier et celui-ci vient appuyer contre le ressort à pointe d'or; alors le courant se trouve fermé. Mais aussitôt que l'échappement a eu lieu, c'est-à-dire que l'axe en question a accompli un tiers de révolution, une nouvelle ailette s'engage entre les dents de l'étoile de la roue d'échappement du chronomètre, et le courant se trouve interrompu parce que la branche du levier coudé se trouve entre les dents de l'étoile qui doit agir sur lui. Ainsi, comme on le voit, le courant ferme toutes les six secondes, mais on pourrait, en multipliant les dents des étoiles et les ailettes, obtenir des fermetures plus fréquentes.

Le compteur proprement dit se compose d'un cadran ordinaire derrière lequel se trouve l'électro-aimant qui doit être interposé dans le courant. Celui-ci est placé verticalement et son armature porte un crochet qui, à chaque mouvement qu'elle opère, réagit sur une double roue à rochet munie de ses ancres d'encliquetage et d'une minuterie en rapport avec les aiguilles.

Ce système, comme on le voit, est excessivement simple, et toute horloge ou pendule ordinaire peut être disposée de manière à servir d'horloge-type ou de régulateur.

Dans ses grands compteurs, M. Paul Garnier dispose l'électro-aimant verticalement, les branches en bas, de telle sorte que l'armature n'a pour ressort antagoniste que son propre poids; cependant comme il est important de pouvoir régler ce poids comme on règle un ressort boudin, il a dû articuler au support du crochet d'encliquetage, un levier basculant, portant sur sa branche libre un curseur d'un poids assez fort. En fixant ce curseur plus ou moins loin de l'axe d'oscillation de ce levier, il devient facile de diminuer ou d'augmenter à volonté le poids de l'armature et, par conséquent de régler l'appareil.

Pour régler la distance entre l'armature et l'électro-aimant sans changer les conditions de pose du crochet d'encliquetage, M. Paul Garnier a brisé en deux le support de ce crochet et a réuni les deux bouts par une double vis à filet contraire, de sorte qu'il suffit de tourner cette vis à gauche ou à droite, pour ralonger ou racourcir le crochet, et par cela même pour rapprocher ou éloigner l'armature. Enfin une vis adaptée à l'extrémité de l'armature de l'électro-aimant et qui appuie contre le cuivre de la bobine quand cette armature est attirée, peut régler la distance du non contact nécessité par le magnétisme rémanent.

Une minuterie se compose d'un pignon et de trois roues, dont deux sont d'égal diamètre et doivent s'engrener l'une avec l'autre. Une de ces roues porte le pignon et, la troisième roue qui est douze fois plus grande que ce pignon avec lequel elle engrène, pivote sur un axe creux à travers lequel passe l'axe de la roue correspondante. C'est sur ce dernier axe qu'est fixée l'aiguille des minutes, celle des heures est fixée sur l'axe creux. Pour faire agir cette minuterie il ne s'agit donc que de faire engrener la roue des minutes avec une autre roue fixée sur la roue à rochet du compteur, dont le diamètre soit tel que, comparé à celui de la roue des minutes, le rapport représente celui du nombre 60 au nombre des dents de la roue à rochet multiplié par le nombre de secondes écoulées entre deux fermetures successives du courant.

Quand les aiguilles des cadrans qui doivent être mises en mouvement par ce genre de compteurs sont longues et lourdes, il faut nécessairement qu'elles soient équilibrées;

en conséquence, les axes de la minuterie sur lesquels elles
sont montés, portent du côté opposé des disques de plomb
qui sont cachés derrière le cadran.

*Compteurs électro-chronométriques de M. Froment.* —
La raison qui a déterminé M. Paul Garnier à substituer
les effets de la pesanteur à ceux des ressorts antagonistes
dans les compteurs électro-chronométriques, est sans doute
l'égalité de résistance apportée dans le premier cas à l'action
de l'électro-aimant, et qui n'existe pas dans le second,
puisque les ressorts antagonistes se tendent à mesure que
l'armature à laquelle ils sont attachés s'abaisse. Sous ce
rapport il y a effectivement économie de force, mais plusieurs
inconvénients peuvent en résulter; d'abord le compteur dans
lequel la pesanteur joue le rôle de force antagoniste, doit
toujours être placé dans une position verticale pour marcher;
en second lieu, la résistance n'augmentant pas avec la force
électro-magnétique, le mouvement des pièces qui subissent
l'impulsion est à son maximum au moment où il doit cesser.
En conséquence les aiguilles, si elles sont un peu longues,
éprouvent à chaque impulsion un tremblement qui pourrait quelquefois faire céder l'encliquetage. C'est ce que M.
Froment a voulu éviter dans ses compteurs, et pour y arriver
plus sûrement, il a muni ses armatures de ressorts secondaires
qui ne laissent subsister le maximum de vitesse, dans chaque
attraction, qu'au point milieu de la course de ces armatures.
C'est pourquoi il a obtenu pour ses aiguilles un battement sec
et sans tremblement.

Les compteurs de M. Froment battent la seconde, et le
mécanisme interrupteur qui les fait fonctionner est des plus
simples. Il consiste dans une roue à rochet mise en rapport
de mouvement avec l'horloge, de telle manière que chacune
de ses dents vienne effleurer un ressort fixe toutes les
secondes. Ce ressort qui n'est autre qu'une lame d'or très

mince est en communication avec une branche du courant, et comme la roue est en rapport avec l'autre branche, le courant se trouve fermé à chaque contact, c'est-à-dire toutes les secondes.

Il est fâcheux que tous ces appareils que l'on pourrait employer dans une foule de cas, soient encore d'un prix si élevé qu'on leur préfère les horloges ordinaires.

*Compteurs électro-chronométriques de M. Breguet.* — Dans tous les compteurs dont nous venons de parler, le mouvement des minuteries est dû à l'action électro-magnétique; il nécessite par conséquent une certaine force de la part du courant. M. Breguet a voulu la rendre aussi minime que possible, en appliquant aux horloges le principe de son télégraphe électrique.

Il prend pour cela des horloges ordinaires dont il enlève le pendule, et ne fait intervenir l'électro-magnétisme que pour exercer une fonction régulatrice. A cet effet, la palette d'un électro-aimant placé à l'intérieur de l'horloge réagit par l'intermédiaire d'un levier sur l'ancre de la roue d'échappement, et comme les oscillations de cette palette dépendent de celles du pendule de l'horloge-type, les mouvements des deux horloges sont parfaitement isochrones.

Ce système, du reste, peut être considéré comme un moyen de faire marcher parfaitement d'accord toutes les horloges ou pendules d'un établissement, ce qui est un avantage immense dans beaucoup de cas, principalement pour un observatoire.

A ce sujet, il n'est pas sans intérêt de parler d'une application importante de ce système d'horlogerie que M. Faye a proposé, il y a quelque temps à l'Académie des sciences.

La dilatation plus ou moins grande des métaux sous l'influence de la chaleur est, comme on le sait, une des grandes causes de l'irrégularité des horloges, puisqu'en allongeant ou

en raccourcissant la tige de leur pendule, elle les fait
retarder ou avancer. Tous les systèmes compensateurs qu'on
a jusqu'à présent employés n'ont jamais résolu complètement
le problème, quelques perfectionnés qu'ils aient pu être. En
conséquence, M. Faye prétend qu'au lieu de combattre
directement les variations du pendule, on ferait mieux de
chercher le moyen de les supprimer. Ce moyen pourrait être
de placer une horloge type assez profondément en terre pour
que les variations de température ne soient plus sensibles.
Or cette profondeur n'est pas considérable, puisque les caves
de l'Observatoire de Paris, n'ont pas fourni, depuis 60 ans
1/10 de degré de différence entre les températures observées
aux différentes heures du jour et aux différentes saisons. Une
horloge qui s'y trouverait donc placée dans des conditions de
sécheresse convenables, n'aurait plus besoin de pendule
compensateur et pourrait, à l'aide de fils conducteurs et des
appareils précédents, renvoyer l'heure exacte à toutes les
horloges astronomiques de l'observatoire.

*Compteur électro-chronométrique de M. Th. du Moncel.*
—Ce genre de compteur se rapporte au système d'horlogerie à
l'italienne dans lequel l'heure apparaît dans deux guichets,
dont celui de gauche donne les heures, le guichet de droite,
les minutes de cinq en cinq.

Pour obtenir cet effet sur les cadrans compteurs, j'ai dû
employer pour chacun d'eux deux disques mobiles disposés
de telle façon que le mouvement de l'un pût commander le
mouvement de l'autre, et que chaque mouvement opéré par
l'armature d'un électro-aimant interposé dans le courant,
pût faire avancer le disque moteur d'un douzième de sa circonférence seulement. L'appareil étant ainsi établi on conçoit
facilement que si les heures sont peintes sur l'un des disques
en chiffres romains, et que les minutes se trouvent ordonnées
sur l'autre disque en sens inverse des heures tracées sur le

premier, ces différents chiffres passent successivement dans les guichets, les minutes de cinq en cinq et les heures après chaque révolution du disque des minutes.

J'ai employé, pour assurer la marche de ce système de compteurs, un nouveau genre d'échappement assez curieux, qui pourrait être utilisé avec avantage dans tous les télégraphes où un cadran doit être mis en mouvement pour décrire un petit arc de cercle, cet arc de cercle étant beaucoup plus considérable que le mouvement qui le détermine. Voici en quoi il consiste :

L'armature de l'électro-aimant, au lieu d'être plate, est coudée du côté opposé à l'articulation, et la partie supérieure du coude porte transversalement, du côté du disque tournant, une petite cheville plate qui doit servir de butoir. Le même coude est armé au dehors d'un ressort d'encliquetage qui réagit sur la roue à rochet qui doit faire avancer le disque. Au centre du disque lui-même se trouve soudée une étoile à dents rondes, armée d'autant de chevilles transversales que de dents, et sur laquelle appuie un ressort à cames, c'est-à-dire, un ressort qui, par une légère inflexion, peut entrer entre deux dents de l'étoile, sans pourtant opposer une résistance considérable au passage de celles-ci quand le mouvement de l'électro-aimant détermine leur échappement. Si ce ressort existait seul comme encliquetage, l'impulsion communiquée au disque par la roue à rochet aurait bientôt vaincu cette résistance, et en raison de sa vitesse acquise, le disque pourrait tourner d'une quantité beaucoup plus grande qu'on ne le voudrait. Mais les chevilles de l'étoile sont là pour barrer le passage. En effet, au moment où l'armature de l'électro-aimant, en s'abaissant, fait avancer le disque, la cheville d'encliquetage qu'elle porte s'abaisse, et quand elle est arrivée au point le plus bas de sa course, elle rencontre l'une des chevilles de l'étoile et l'empêche d'aller plus loin.

Le ressort à cames ne sert donc que pour maintenir l'effet produit quand la cheville de l'armature se relève avec elle.

Le disque des minutes du compteur en question porte donc sur son axe une étoile de douze dents avec douze chevilles et une petite roue à rochet également de douze dents. L'autre disque porte aussi une étoile de douze dents; mais celle-ci n'ayant pas de chevilles, c'est un ressort de cuivre vertical, dont l'extrémité supérieure s'évase en forme de socle de charrue, en laissant avancer une petite cheville horizontale, qui sert de mécanisme d'encliquetage. Voici, en effet, ce qui arrive quand, après une révolution du disque des minutes, le doigt ou butoir que porte l'étoile de ce disque et qui correspond au n° 0 des minutes doit faire agir l'étoile du disque des heures; aux cinquante-cinq minutes, le butoir de l'étoile de minutes a soulevé l'oreille du ressort d'encliquetage de l'étoile des heures; mais le ressort à cames qui appuie sur cette dernière empêche tout mouvement du disque qui lui correspond, de sorte que ce n'est que quand le 0 du disque des minutes passe au guichet que le butoir engrène l'étoile des heures et la fait avancer d'une dent; au même instant, le butoir abandonne l'oreille du ressort d'encliquetage et, la cheville que celui-ci porte vient s'interposer entre la dent qui a échappé et celle qui la suit.

Quant à l'interrupteur, il est d'une simplicité extrême; il consiste dans une circonférence métallique armée de petites languettes de fer doux, que l'on applique sur le cadran de l'horloge régulatrice. Ces petites languettes avancent sur le cadran, de manière à être rencontrées par l'aiguille des minutes disposée comme il a été dit dans l'article précédent pour ma sonnerie. Chacune de ces petites languettes correspond à chaque cinq minutes, et comme l'une des branches du courant aboutit à la circonférence métallique qui les porte, et que l'autre branche correspond à l'axe des aiguilles, le courant se trouve fermé toutes les cinq minutes et réagit, par conséquent, en ces moments-là seulement sur le compteur.

*Compteur électro-chronométrique de M. Bain.*—La seule différence quant au principe mécanique, entre le compteur de M. Bain et ceux que nous avons décrit en commençant, c'est que l'encliquetage au lieu de faire avancer la roue à rochet du compteur quand l'armature de l'électro-aimant est attirée n'agit sur elle que quand elle s'en éloigne sous l'influence du ressort antagoniste, encore celui-ci consiste-t-il simplement dans une lame de ressort qui tient cette armature suspendue comme un pendule à portée de l'électro-aimant. Une vis de pression, bien entendu est placée de manière à régler l'écartement de ces deux pièces.

L'interrupteur consiste tout simplement dans un ressort métallique très flexible fixé sur la tige du pendule et dans un appendice métallique en rapport avec une des branches du courant. L'autre branche correspondant à la tige elle-même du pendule, par son point de suspension, il arrive qu'à chaque oscillation de celui-ci, c'est-à-dire toutes les secondes le courant se trouve fermé et réagit sur le compteur. M. Bain a encore employé un autre système de compteurs fondé sur les réactions magnétiques des courants à l'égard des aimants. Dans ce système l'électro-aimant est remplacé par un cadre galvanométrique enveloppant un fort aimant permanent; ce cadre peut pivoter sur deux pointes qui le tiennent à l'aimant et suivant le sens du courant il incline dans un sens ou dans l'autre. L'encliquetage est alors monté sur l'un des bras oscillants de ce cadre.

Pour faire marcher à la fois un grand nombre de compteurs sans augmenter la force de la pile et la grosseur des fils conducteurs, M. Bain a fait agir alternativement et isolément le courant sur chacun des cadrans et a fait en sorte que ces différentes réactions s'effectuassent dans l'intervalle séparant chaque mouvement opéré dans le compteur. Pour cela il a adapté à son horloge-type un petit cadran à secondes sur lequel était appliquée une circonférence d'ivoire incrustée d'autant de plaques métalliques qu'il y avait d'horloges à faire mouvoir. Ces plaques étaient chacune en rapport avec un compteur spécial et un pôle de la pile. L'autre pôle aboutissait à l'aiguille des secondes elle-même. Cette aiguille passant toutes les minutes au-dessus de toutes ces plaques pouvait donc, par l'intermédiaire d'un ressort frotteur, renvoyer *successivement* le courant dans les différents compteurs et leur donner l'heure toutes les minutes.

*Appareil régulateur de M. Bain.* — Au moyen d'un petit mécanisme très simple, M. Bain est parvenu à régler d'heure en heure un certain nombre d'horloges d'après un régulateur unique. Ce mécanisme consiste dans un électro-aimant dont l'armature, munie d'un levier en fourchette, réagit de bas en haut vers les douze heures. L'axe de l'aiguille des minutes porte parallèlement à elle un petit levier métallique terminé par une tête conique. Ce levier est disposé au-dessus de la fourchette de l'électro-aimant, et par conséquent, il peut passer sans obstacle tant que l'électro-aimant n'est pas actif, mais aussitôt que le courant passe dans celui-ci, la fourchette rencontre la tête conique du levier et le force à revenir dans son plan en ramenant l'aiguille des minutes à l'heure. Comme le courant n'est établi dans cet électro-aimant qu'à la dernière seconde de l'heure de l'horloge régulatrice, on conçoit que par ce moyen tout retard ou toute accélération de la part de la seconde horloge se trouve sans cesse corrigé.

### Horloges électro-magnétiques.

Les horloges électro-magnétiques proprement dites, c'est-à-

dire pouvant marcher par le seul secours de la force électro-
motrice, ont été combinées de bien des façons. Ne pouvant
entrer dans tous les détails des différents systèmes qui ont
été successivement imaginés, je me bornerai à ceux qui m'ont
paru les plus ingénieux ou du moins les plus différents quant
à leur disposition.

*Horloges électro-magnétiques de M. Weare.* — M. Weare,
horloger anglais, a construit trois systèmes différents de ces
horloges : l'une marche avec un pendule comme les horloges
ordinaires, une autre marche avec un balancier semblable à
un balancier de montre, enfin une troissième marche sous
l'influence d'une pile sèche.

Dans la première, le mouvement du pendule est entretenu
par un électro-aimant droit qui se trouve placé à sa partie inférieure et qui remplace la lentille dont sont munis ordinairement ces sortes de régulateurs de mouvement. A cet effet,
cet électro-aimant oscille entre les pôles d'un aimant permanent, dont chacune des branches porte un ressort à boudin
en rapport avec le même pôle de la pile. Le fil de l'électro-aimant, en remontant par la tige du pendule, communique
avec l'autre branche du courant et se trouve soudé du côté
opposé sur le fer de l'électro-aimant lui-même. Il en résulte
qu'à chaque oscillation, le pendule venant à toucher le ressort fixé sur l'aimant permanent, établit le courant dans l'é-
lectro-aimant droit dont il est muni. Or, si le courant circule
dans cet électro-aimant de telle manière que les pôles des
deux aimants qui doivent se rencontrer soient de même nom,
il en résulte une continuelle répulsion de part et d'autre de
l'axe d'oscillation qui entretient le mouvement du pendule.
On comprend, d'après cela, que la roue d'échappement de
l'horloge n'ayant plus d'impulsion à communiquer au pendule, comme dans les horloges ordinaires, et recevant au
contraire de lui son mouvement de rotation, n'a plus besoin.

sauf sa minuterie, de tous les engrenages sur lesquels réagissent les poids ou les ressorts.

Le système d'horloge sans pendule se compose d'un axe
vertical qui porte le volant ou balancier appelé à remplacer
le pendule, et une aiguille fortement aimantée enclavée dans
un cadre galvanométrique. Un petit ressort à spirale rappelle
toujours le balancier dans une position fixe, et une traverse
métallique fixée sur l'axe de l'aiguille aimantée parallèlement
à elle, peut établir le courant dans le cadre galvanométrique
en réunissant métalliquement deux buttoirs en rapport avec
les deux pôles de la pile. D'après cette disposition, on peut
comprendre que si l'aiguille aimantée, ayant sa situation
d'équilibre dans le sens des fils du cadre galvanométrique,
se trouve écartée de manière à ce que la traverse métallique
ferme le courant, cette aiguille doit être, pour une direction
convenable de celui-ci, repoussée du côté opposé; le volant
se trouve donc entraîné avec elle, mais, en abandonnant son
premier écart l'aiguille motive une interruption du courant
et, alors, le ressort qui rappelle le volant à sa position d'é-
quilibre réagit en sens contraire et ramène bientôt la traverse
métallique en contact avec les butoirs. Alors le courant se
trouvant de nouveau rétabli, donne lieu à une nouvelle déviation qui fait place à un nouveau mouvement en sens
contraire et ainsi de suite.

Le troisième système de M. Weare n'est qu'une simple
modification du système précédent. Au lieu de l'aiguille
aimantée, fixée sur l'axe du volant, c'est une boule métallique portée sur un petit levier de verre qui oscille entre deux
autres boules métalliques en rapport avec les deux pôles des
piles sèches. Quand la boule mobile touche la boule positive,
l'électricité dégagée par celle-ci se trouve distribuée entre les
deux boules, et une répulsion survient. En même temps une
attraction de l'autre boule se manifeste, et la boule mobile

reportée au contact de la boule négative, se charge d'électricité négative, d'où il résulte une nouvelle répulsion, puis une attraction en sens inverse du premier mouvement. Le volant se trouve donc perpétuellement animé d'un mouvement de va et vient qui réagit sur les mouvements de l'horloge.

*Horloge électro-magnétique de M. Bain.*—L'horloge électro-magnétique de M. Bain ne diffère de celle à pendule de M. Weare, qu'en ce qu'au lieu d'un électro-aimant placé à l'extrémité du pendule, c'est une bobine électro-magnétique qui sert de lentille. Il s'exerce alors entre le courant magnétique des aimants permanents entre lesquels cette bobine doit osciller, et le courant voltaïque circulant dans le fil de la bobine une action qui favorise doublement le mouvement circulaire du pendule. Cette action, en effet, tend d'abord à incliner les spires de l'hélice voltaïque de manière à rendre le courant qui les traverse, parallèle au courant magnétique, puis elle motive entre ces deux courants l'attraction qui est la conséquence des courants parallèles.

Ce système a l'avantage sur celui de M. Weare de ne pas désaimanter les aimants persistants et de pouvoir fonctionner avec le courant tellurique issu de deux plaques zinc et cuivre enterrées dans le sol.

*Horloge électro-magnétique de M. Liais.* — Cette horloge, comme la première que nous avons décrite, marche sous la seule influence du mouvement oscillatoire du pendule, lequel est sans cesse entretenu par l'action du courant voltaïque. Pour obtenir ce mouvement continu, M. Liais n'a pas recours à un électro-aimant placé à l'extrémité inférieure du pendule et oscillant entre les pôles d'un aimant fixe. C'est la chûte d'une lame métallique qui se trouve soulevée et abandonnée à son propre poids en temps opportun qui remplit cette fonction importante. En conséquence, le pendule se trouve muni à son point d'oscillation d'un guide à potence, formant une espèce de **T**, dont l'une des branches agit sur le commutateur et l'autre reçoit le choc de la lame qui tombe. Celle-ci est articulée sur l'axe même de l'oscillation du pendule et doit constituer un système compensé, insensible aux variations de la température. Au-dessus de cette lame se trouve fixé un électro-aimant dont l'armature, articulée sur le même axe que la lame, peut soulever celle-ci en même temps qu'elle est attirée elle-même par l'électro-aimant. Or, comme un butoir maintient la hauteur de la chute toujours au même degré et que la longueur du bras de levier qui occasionne le choc est toujours la même, on conçoit que le mouvement du pendule doit être régulièrement entretenu, si l'interruption du courant dans l'électro-aimant est faite en temps opportun.

Toutefois, pour rendre la marche de l'horloge indépendante des petites variations qui pourraient avoir lieu dans l'instant de cette interruption, un crochet d'encliquetage retient la lame au haut de sa course, et à l'aide d'un butoir agissant sur ce crochet, le pendule dégage la lame au moment où elle doit peser sur lui. Le commutateur est à bascule et composé d'une lame métallique armée de deux rebords entre lesquels oscille la branche du guide du pendule opposée à celle qui reçoit les chocs. Cette lame porte, à son extrémité, un arc de cercle moitié ivoire, moitié cuivre, contre lequel appuie un galet qui est en rapport avec l'un des pôles de la pile. Le galet est épais et les deux moitiés de l'arc (le cuivre et l'ivoire) ne sont pas exactement dans le plan l'une de l'autre à cause des poussières métalliques qui, sans cette précaution, se déposeraient sur l'ivoire. Le fil de l'électro-aimant étant en communication métallique avec la lame du commutateur et l'autre pôle de la pile, voici ce qui arrive à chaque oscillation du pendule :

Quand la branche du guide du pendule termine sa course ascendante, c'est-à-dire quand la lame qui doit donner le choc doit s'abaisser, la lame du commutateur est soulevée et le galet touche sur l'ivoire, le courant n'existe pas dans l'électro-aimant et son armature tombe; mais quand la branche termine sa course descendante, le galet est en contact avec le cuivre et le courant étant rétabli dans l'électro-aimant, soulève la lame aux chocs; le pendule achève son oscillation entière, et ce n'est que quand il est revenu sur ses pas que le courant se trouvant de nouveau rompu, cette lame retombe lorsqu'il la dégage du crochet qui la retenait. Le courant se trouve donc régulièrement rompu à chaque seconde, et il suffit pour obtenir l'heure de placer des compteurs sur son parcours.

*Chronomètre électrique de M. Liais.* — Dans une foule de circonstances, et particulièrement dans la marine, les horloges à pendule ne peuvent être employées à cause des influences contraires que ces appareils sont appelés à recevoir. On a donc dû chercher à les remplacer par un système oscillant tout à fait en dehors des effets de la pesanteur. Ce système c'est le balancier circulaire que nous retrouvons dans toutes les montres. Nous avons déjà vu que M. Weare avait construit dans ce système une de ses horloges. M. Liais en a fait autant; mais, au lieu d'employer dans ce but un galvanomètre dont l'effet mécanique est toujours faible, il a eu recours aux réactions magnétiques beaucoup plus fortes des électro-aimants. Voici en quoi consiste son chronomètre qu'il destine particulièrement à la marine.

Une boîte cylindrique à double fond contient tout le mécanisme. L'une renferme le balancier, son ressort et sa minuterie; l'autre contient l'électro-aimant, l'interrupteur du courant et les accessoires.

Cet électro-aimant est fixé horizontalement sur le fond

intermédiaire de la boîte, et son armature articulée sur une de ses branches porte environ à chaque tiers de sa longueur deux guides fixes en quart de cercle, terminés chacun par un crochet. Ces crochets sont destinés à bander deux lames de ressort fixées au point d'articulation de l'armature et dont nous allons voir à l'instant l'usage.

A portée des extrémités de ces 2 lames de ressort, et dans une position déterminée, sont deux crochets d'encliquetage à tige très flexible, tournés en sens inverse l'un de l'autre; l'un de ces crochets (le plus rapproché du centre de la boîte) porte une dent de rochet qui fait face au ressort le plus rapproché de l'armature; si bien que quand ce dernier ressort vient à être détendu, un butoir qu'il porte vient heurter ce crochet et dégage l'autre ressort qui s'y trouve retenu. Ainsi chaque dégagement du ressort le plus près de l'armature, et qui est en même temps le plus long, a pour effet un dégagement du second.

Pour ne pas confondre ces ressorts avec les autres, nous les appellerons désormais: le premier la *lame flexible n° 1;* le second la *lame flexible n° 2.*

La lame flexible n° 2 est engagée entre les deux branches d'une fourchette dont la tige fait bascule dans le sens horizontal, et porte à son extrémité opposée à la fourchette, un arc moitié ivoire, moitié cuivre. Sur cet arc vient appuyer un galet métallique, sollicité dans ce sens dar un ressort à boudin, et ce galet est en rapport avec l'un des pôles de la pile par le fil de l'électro-aimant. L'autre pôle aboutit à l'axe d'articulation du levier à fourchette. Quand ce levier est incliné à droite ou à gauche, le courant se trouve donc fermé ou interrompu, puisque c'est la partie métallique de l'arc ou la partie d'ivoire qui vient en contact avec le galet. Tel est le système commutateur.

La lame flexible n° 1 en se détendant parcourt un arc de

cercle dont le centre est précisément le point d'articulation de l'armature. Si donc on place sur le prolongement de ce centre, l'axe du balancier, et qu'on ouvre dans le fond intermédiaire de la boite une rainure correspondante à l'arc décrit par la lame flexible en se détendant. On pourra facilement faire réagir cette lame sur le balancier. Il suffira pour cela d'un butoir fixé en un point de la circonférence de ce balancier, et circulant dans la rainure. La forme de ce butoir pourra d'ailleurs être calculée de manière à rencontrer le crochet d'encliquetage de la lame quand l'oscillation du balancier, dans ce sens, sera accomplie. Or, voyons comment vont agir tous ces mécanismes, quand le courant cessant de circuler dans l'électro-aimant, l'armature vient à se détacher.

Les lames n° 1 et n° 2 sont alors encliquetées, le butoir du balancier est sur son oscillation rétrograde et le galet de l'interrupteur est sur une partie d'ivoire. Lorsque l'oscillation du balancier va être sur le point de s'achever, le butoir coudé rencontrera le crochet de retien de la lame n° 1 ; celle-ci se détendant, vient donne run coup sur le butoir du balaucier et lui fait commencer son oscillation en sens inverse, mais en s'abaissant l'appendice dont elle est munie en son milieu, rencontre le crochet d'encliquetage de la lame n° 2, et celle-ci en se détendant à son tour, réagit sur la fourchette de l'interrupteur qui reporte au contact du galet une partie métallique.

Le courant circule alors dans l'électro-aimant, l'armature est attirée, et avec elle, les arcs en quart de cercle qu'elle porte. Ceux-ci, par les crochets dont sont armés leurs extrémités, saisissent les lames n°s 1 et 2, et les bandent jusqu'à ce qu'elles soient retenues par leur crochet d'encliquetage, mais en ce moment, la lame n° 2 a réagi en sens inverse sur la fourchette de l'interrupteur, et a ramené au contact du galet une partie d'ivoire. Le courant est donc de nouveau rompu, et l'action recommence comme nous l'avons dit. Il va sans dire que l'on doit apporter à la construction de cet appareil les mêmes perfectionnements, quant à la compensation de la dilatation, que pour les montres marines ordinaires.

M. Liais a pensé à faire réagir son chronomètre sur des compteurs électro-chronométriques. Celui qu'il décrit étant tout à fait semblable à ceux dont nous avons parlé précédemment, nous n'en ferons pas une description spéciale.

Voici comment M. Liais résume les avantages de son chronomètre employé à bord des navires.

Ces avantages, dit-il, sont:

1° Une régularité beaucoup plus parfaite de marche, car, d'une part, la force qui agit sur le balancier, est constante, puisqu'elle provient d'un ressort qui se bande à chaque mouvement du balancier d'une quantité constante et dans des circontances toujours identiques, tandis que, dans les chronomètres ordinaires, la force du ressort va sans cesse en variant, quelques précautions que l'on apporte à sa construction et à celle de la fusée, depuis l'instant du remontage, jusqu'à celui où ce ressort est complètement débandé. — D'autre part, dans le chronomètre électrique, le ressort qui entretient le mouvement du balancier, n'a pas, comme dans les chronomètres ordinaires à pousser en même temps les nombreux engrenages du compteur, dans lesquels les frottements varient sans cesse avec la température des huiles, et leur durée qui détermine leur rancidité, et on sait combien cette influence est grande sur le mouvement des chronomètres ordinaires. En outre dans le chronomètre électrique le balancier est aussi libre que possible.

L'importance de la régularité de la marche des chronomètres à bord des navires est telle qu'elle devrait seule, sans aucun autre motif, faire accorder la préférence aux chronomètres électriques sur tous les chronomètres ordinaires.

2° Un autre grand avantage du chronomètre électrique est de pouvoir faire marcher autant de compteurs que l'on veut, disposés de toutes les manières dans toutes les parties du bâtiment. Quelques-uns de ces compteurs pouraient donc être placés sur les points où se font les observations astronomiques, et on pourrait aisément leur faire sonner les secondes, comme dans les observations à terre. Il suffirait pour cela de fixer un marteau à l'extrémité de la lame de fer doux du compteur, et de placer un timbre à sa portée. Ce serait d'une grande commodité pour les observations.

De plus, une partie des compteurs pourrait être mise à l'heure du lieu pour le service du bord, tandis que les autres resteraient à celle du premier méridien pour les observations car la marche des uns et des autres serait la même, la position des aiguilles seulement serait différente.

3° Un troisième avantage du chronomètre électrique est d'être moins dispendieux que les chronomètres ordinaires, car son mécanisme est beaucoup plus simple, et il coûterait encore beaucoup moins, même lorsqu'il serait accompagné de plusieurs compteurs.

Les courants électriques n'influeraient pas sur les boussoles si on les faisait toujours revenir par un fil placé le long de celui qui les a conduits. Les électro-aimants n'influeraient pas davantage à cause du voisinage des pôles contraires, s'ils étaient à quelque distance des boussoles. Au reste, un électro-aimant convenablement placé et aimanté par le courant du chronomètre, annulerait aisément l'effet de tous les autres comme le compensateur de Barlow corrige la déviation produite par les ferrures du bâtiment. Rien de plus simple que de voir si ces courants et électro-aimants influent sur la boussole. Il suffit pour cela d'examiner si sa position est la même quand le courant est fermé ou quand il est rompu

*Horloge électro-magnétique de M. Brisebarre.* — L'horloge de M. Brisebarre,, comme celle de M. Liais, a un pendule, mais le mouvement de celui-ci est entretenu par une impulsion que lui transmet un levier en rapport avec l'armature d'un électro-aimant. Celui-ci est fixé verticalement, les branches en bas, sur une espèce de colonne en cuivre qui forme le pied de l'horloge, et, son armature articulée de manière à pivoter dans un sens parallèle à sa ligne axiale, porte un levier vertical qui, à chaque attraction de l'aimant, se trouve incliné en dehors et peut, au moyen d'un crochet d'encliquetage et d'un coude, réagir à la fois sur une roue à rochet horizontal placée au-dessus de l'électro-aimant et sur un levier coudé à angle droit dont la branche libre, en ressortant de l'appareil, se trouve à portée du pendule. C'est ce levier qui, à chaque mouvement de l'armature, vient frapper un léger coup sur le pendule qui, en ce moment-là précisément, est sur son oscillation rétrograde. La roue à rochet est en rapport de mouvement avec la minuterie des aiguilles, et le commutateur placé au-dessus de l'instrument est mis en jeu par le pendule lui-même. A cet effet, une cheville métallique, soudée perpendiculairement à la tige du pendule, près de son axe d'oscillation, est prise entre deux autres chevilles soudées sur un galet métallique en rapport avec l'une des branches du courant. Un second galet, articulé à l'extrémité d'un grand levier à bascule qui surmonte l'appareil, appuie constamment sur le galet précédent et peut, en lui apportant l'autre branche du courant, fermer le circuit, si toutefois le contact métallique existe entre les deux galets, ce qui n'a pas toujours lieu, car une partie d'ivoire se trouve incrustée en l'un des points de la circonférence métallique du premier galet. Or, cette partie d'ivoire correspondant au trois quarts de l'oscillation du pendule, la fermeture du courant ne peut avoir lieu que pendant un quart de l'oscillation,

lequel quart correspond au commencement de l'oscillation
rétrograde, en la considérant par rapport au levier impulsif.
Voici donc ce qui se passe dans la marche de l'instrument
quand on considère l'oscillation au point extrême de sa course,
c'est-à-dire au moment où le courant est fermé: l'électro-
aimant est devenu actif, l'armature attire le levier qu'elle
porte en dehors et celui-ci, en réagissant sur le levier coudé,
donne une impulsion au pendule. Mais, en ce moment, la
cheville que celui-ci porte près de son axe d'oscillation, fait
tourner le galet commutateur, et la plaque d'ivoire se trouve
interposée entre les deux galets, le courant est donc rompu
jusqu'à ce qu'en revenant à sa première position, le pendule,
par l'intermédiaire des chevilles, ait rétabli le courant.

*Horloges magnéto-électriques de M. Glaesener.*—Toutes
les horloges dont nous avons jusqu'à présent parlé agissent
d'après l'influence d'un courant de pile dont la dépense,
quelque minime d'ailleurs qu'elle puisse être, ne laisse pas,
au bout d'un certain nombre d'années, de faire un total assez
considérable. M. Bain, comme nous l'avons vu, avait essayé
de remédier à cet inconvénient en employant le courant tellurique ou terrestre, mais cette action est si faible que c'est tout
au plus si la marche d'un pendule peut être entretenue. Il en
est de même de l'horloge de M. Weare à courants issus de piles
sèches. M. Glaesener est entré dans une autre voie et a cherché, pour rendre l'horlogerie électrique plus économique, de
tirer parti des courants d'induction fournis par les aimants
persistants. Après avoir longtemps expérimenté, voici
comment il a résolu le problème:

Il a disposé à portée d'une forte horloge-type, ou régulatrice, un aimant en fer à cheval, muni sur ses deux branches
de bobines d'induction. Cet aimant, fixé verticalement les
branches en haut, portait articulée sur l'un de ses pôles une
armature basculante dont le bras, en dehors de l'aimant,

était très long. Un marteau, fixé à l'extrémité d'une autre bascule, pouvait, en retombant sur ce bras, détacher l'armature, et par conséquent donner lieu à un courant d'induction. Pour obtenir ce choc, la bascule portant le marteau a été placée devant la roue d'échappement de l'horloge, de telle manière que son bras libre pût être rencontré par les dents de cette roue. Chaque dent en passant soulevait donc le marteau et chaque coup de marteau avait pour effet un double courant d'induction qui réagissait sur les électro-aimants des compteurs. Ainsi, ce mécanisme servait à la fois d'interrupteur et de producteur du courant.

M. Glaesener assure qu'une fois l'horloge-type et les compteurs réglés, les appareils peuvent fonctionner des années entières, sans qu'on ait à y apporter le moindre changement.

On peut comprendre l'importance de ce système si l'on examine qu'il peut être employé dans la télégraphie électrique, et qu'il ne nécessite pas, comme quand on fait usage des machines de Clarke, la présence d'un homme uniquement employé à fournir le courant.

*Pendule à mouvement continu de M. Franchot..* — La belle expérience de M. Foucault, qui met en évidence le mouvement de rotation de la terre par le déplacement circulaire du plan d'oscillation du pendule, serait beaucoup plus frappante si le pendule pouvait osciller continuellement ou, du moins, indéfiniment; or, c'est ce que M. Franchot a voulu réaliser au moyen de l'électricité. Comme le pendule est en quelque sorte lié de la manière la plus étroite à l'horlogerie, nous avons pensé qu'il était convenable de lui rattacher ce nouveau genre d'instrument.

Si l'on met en oscillation un pendule suspendu à l'extrémité d'un ressort assujetti à se mouvoir dans le sens vertical, on remarquera, indépendamment de l'oscillation principale ou sensiblement horizontale de la boule du pendule, une oscillation dans le sens vertical ; c'est-à-dire que le ressort qui porte le pendule fléchira pendant que l'oscillation descendante atteindra son point le plus bas au milieu de l'oscillation du pendule pour se relever ensuite jusqu'à la fin de l'oscillation ascendante. De là une oscillation verticale pour une oscillation simple horizontale.

Cela posé, puisque le mouvement de tout pendule engendre dans certaines conditions de suspension des oscillations verticales, on peut conclure à priori qu'en maintenant, qu'en amplifiant ou qu'en accélérant les oscillations verticales, on maintient ou on amplifie par réaction les oscillations du pendule. C'est le même effet que celui par lequel les enfants entretiennent et accélèrent le mouvement de l'escarpolète en se repliant brusquement sur eux-mêmes à chaque oscillation descendante.

Tel est le principe de l'instrument de M. Franchot, et on peut en comprendre facilement toute l'importance dans le but qu'il s'est proposé, si l'on considère que, devant être dégagé de toute influence étrangère, le mouvement de ce pendule ne pouvait être entretenu de la même manière que celui des pendules dont nous avons précédemment parlé. C'est donc par une série d'attractions verticales exercées en temps opportun sur une platine circulaire en fer portée par la tige du pendule qui elle-même a été fixée à l'extrémité d'un ressort boudin, que l'on peut obtenir une oscillation continue. Or, cette série d'attractions peut s'effectuer par l'entremise d'un électro-aimant mis en jeu comme dans l'horloge précédente.

Ainsi disposé, le pendule restant libre dans ses mouvements et pouvant osciller autour d'un point fixe, n'ayant qu'un fil pour appareil de suspension, doit rester dans son plan d'oscillation malgré le mouvement de rotation de la terre, et la déviation qu'il subit en apparence devient la preuve de ce mouvement de rotation.

Ne pouvant rendre compte de tous les systèmes d'horlogerie électrique qui ont été imaginés, je me bornerai à dire que parmi ceux qui ont le plus perfectionné ce genre d'application de l'électricité, il faut citer, en outre de ceux déjà nommés, M. Froment qui, depuis deux ans et demi, transmet de cette manière l'heure dans ses ateliers, M. Fardely, de Manheim, enfin, MM. Storher et Scholle, de Leipsig, qui ont déjà établi dans cette ville plusieurs cadrans compteurs marchant d'après un chronomètre régulateur. Il est vrai que depuis longtemps ce problème a été réalisé en Amérique et sur une immense échelle, et nous avons tous pu voir la magnifique horloge électrique qui était établie à l'Exposition de Londres. Mais, en cela comme en beaucoup d'autres choses, la France abdique et dort, et cependant elle compte dans son sein un grand nombre de savants et d'artistes éminents qui, si l'on acceptait leurs offres, nous placeraient au premier rang des peuples dans le domaine des inventions et des applications scientifiques utiles.

Pour terminer ce chapitre déjà bien long sur l'horlogerie, je dois encore signaler un nouvel appareil établi à l'observatoire de Greenwich, pour indiquer à Londres l'heure de midi du temps moyen. A cette heure, en effet, il tombe du haut du mât placé sur le palais de l'amirauté un ballon d'assez gros volume pour qu'il puisse être parfaitement distingué de loin.

<h2 style="text-align:center">IV.</h2>

## Enregistreurs électriques.

### *Enregistreurs météorologiques.*

S'il est une science qui puisse recevoir de l'application des moyens physiques et mécaniques un secours précieux et de

tous les instants, c'est bien certainement la météorologie.
Depuis longtemps, en effet, l'annotation des observations
météorologiques exerce la patience et le zèle des savants, et
pourtant, bien que leurs travaux aient fourni de précieux
renseignements, d'importantes révélations sur certains phénomènes atmosphériques, ces travaux ne pourront être con-
cluants qu'autant que les observations seront multipliées et
faites simultanément sur les différents points du globe. Or,
le zèle nécessaire pour ces sortes de travaux est bien rare à
rencontrer, et l'on peut comprendre dès-lors combien serait
utile l'emploi d'instruments qui pourraient annoter eux-mêmes, d'une manière continue, les différentes influences atmosphériques, instruments que l'on pourrait placer en tels
ou tels points du globe que l'on croirait importants pour ces
sortes d'observations, sans qu'il soit besoin de la présence
d'un homme dont le zèle pourrait répondre de l'exactitude.

Pour ces sortes d'instruments, l'électricité a pu fournir
un secours merveilleux, et, dès 1843, M. Wheatstone avait
déjà conçu son *thermomètre-télégraphe* qui, exécuté sur
une plus grande échelle, fut appelé *enregistreur-météoro-
logique*, et établi à Kiew quelques années plus tard. Au
moyen de cet instrument, toutes les indications relatives au
baromètre, au thermomètre et au psycromètre se trouvent
inscrites de cinq en cinq minutes, et cela, à quelque distance
que l'on soit de ces instruments, qu'ils aient été emportés
dans l'espace par un ballon captif ou qu'on les ait enfouis
en terre.

*Thermomètre télégraphe de Wheatstone.* — Le thermomètre télégraphe destiné à être enlevé par un ballon, pèse,
avec la boîte qui le contient, un peu plus de quatre livres.
Son mécanisme se compose principalement d'une petite horloge
qui fait descendre et monter, régulièrement en cinq minutes,
un engrenage vertical; cet engrenage porte un fil fin de

platine qui se meut dans le tube du thermomètre, de manière
à comprendre dans sa course toute l'échelle thermométrique.
Deux fils fins de cuivre, recouverts de soie et d'une longueur
suffisante pour unir le ballon à la terre, dans sa plus grande
élévation, sont fixés à l'instrument, de telle manière que
l'extrémité de l'un des fils plonge dans le mercure du thermomètre, et que l'extrémité de l'autre soit en contact avec
les rouages de l'horloge, lesquels communiquent métalliquement avec le fil de platine. L'extrémité inférieure de chacun de ces deux fils est attachée à un pôle de la pile, et un
galvanomètre sensible se trouve interposé dans le circuit. Si
l'on a disposé le galvanomètre de manière que l'aiguille
marque le zéro, quand le courant est interrompu, il con-
servera cette même disposition tant que le fil de platine
ne sera pas en contact avec le mercure du tube, mais l'aiguille déviera aussitôt que le contact aura lieu et restera
déviée jusqu'à ce que ce contact soit de nouveau rompu par
l'ascension de l'engrenage qui porte le fil.

L'instrument étant ainsi disposé, et le mouvement d'horlogerie réglé d'après un chronomètre-type qui restera à terre,
supposez qu'après avoir observé la déviation de l'aiguille du
galvanomètre, vous ayez constaté sur le chronomètre, le
moment où le courant se trouve rompu, vous saurez qu'alors
commence la course ascensionnelle du fil de platine et, par
conséquent, que si la température reste la même, le courant
sera de nouveau rétabli dans cinq minutes; si, au contraire,
la température change, cette fermeture du courant aura lieu
avant ou après les cinq minutes. Connaissant donc la relation
qui existe entre une seconde ou une demi-seconde et l'étendue de chaque degré du thermomètre, on peut facilement
calculer, d'après le temps écoulé entre les fermetures consécutives du courant, les différents degrés de température
indiqués par le thermomètre

On conçoit que le même mécanisme peut être appliqué au baromètre et au psychromètre, pourvu qu'ils soient suspendus en équilibre dans le ballon.

L'appareil tel qu'il vient d'être décrit n'enregistre pas, comme on le voit, les observations, et pourtant, en théorie, la chose serait facile, car il suffirait de remplacer le galvano-mètre par un électro-aimant muni d'un crayon qui tracerait, sur un cylindre tournant régulièrement, un trait à chaque fermeture du courant. Mais, pour qu'un électro-aimant puisse agir avec un circuit considérable, il faut des fils conducteurs un peu gros, une pile énergique, et il importait pour ne pas charger le ballon, d'agir avec des fils très-fins. De plus, il fallait employer une pile très-faible pour ne pas provoquer une étincelle qui aurait pu causer quelques trépi-dations de la part de la surface du mercure du thermomètre, force a donc été d'employer dans ce cas le galvanomètre.

*Enregistreur météorologique de Wheatstone.* — L'an-notation des indications thermométriques, barométriques et psychrométriques a été réalisée dans l'enregistreur météoro-logique établi à Kiew.

Bien que fondé sur le même principe que l'instrument précédent, il en diffère pourtant en ce que l'enregistrement des observations se produit au moment où le fil sort du mer-cure et où, par conséquent, le courant se trouve rompu. En cet instant, en effet, l'électro-aimant dont nous avons admis la présence, quand il s'agissait de produire une annota-tion écrite de la part de l'appareil précédent, se trouve inactif et laisse tomber son armature contre un levier à détente qui laisse libre un mouvement d'horlogerie. A ce mouvement à horlogerie indépendant de celui qui provoque l'ascension et la descente du fil dans les instruments, correspond un levier à marteau, comme celui d'une sonnerie, qui se trouve disposé de manière à frapper les extrémités de deux étoiles flexibles

dont les rayons portent des caractères en relief. Ces caractères ainsi frappés, peuvent laisser leur empreinte sur un
cylindre revêtu d'une feuille de papier, lequel est mis en
rapport de mouvement avec le mécanisme d'horlogerie du
marteau, à la manière des télégraphes imprimeurs.

Les étoiles flexibles, appelées roues des types, dont le
mouvement s'accorde parfaitement avec l'ascension et la descente du fil qui plonge dans le mercure des instruments,
sont tellement disposées que quand l'une, munie de quinze
rayons portant chacun une lettre, a fait un tour sur elle-même en trente secondes, l'autre roue qui n'a que douze rayons
correspondant aux dix chiffres et au point de repère, n'a
accompli qu'un douzième de sa révolution. Il en résulte que
cette dernière fait sa révolution entière en six minutes, précisément l'intervalle compris entre une ascension et une descente du fil, car une minute a été calculée pour la descente
du fil ou son replacement à son point de départ.

On comprend, d'après cela, que plus la colonne de mercure sera élevée dans les tubes des instruments, plus la
détente du mécanisme imprimeur mettra de temps avant
d'agir, et plus, par conséquent, il y aura de rayons des
roues des types qui auront échappé au coup de marteau. Connaissant donc la valeur en fractions de millimètres, représentée par chacun des caractères des deux roues, on peut
connaître, par l'inspection de leurs traces, les diverses oscillations des colonnes mercurielles.

Comme chaque rayon de la roue des types qui fait son tour
en trente secondes, met deux secondes pour arriver à la place
qu'elle doit occuper pour être susceptible de recevoir le choc
du marteau imprimeur, et que, pendant cet intervalle très
court, il pourrait arriver que le fil quitterait le mercure, M.
Wheatstone a joint à son instrument une sorte d'appareil
protecteur par lequel le courant est retenu pendant un

instant, après que le fil a quitté le mercure, toutes les fois que cela arrive pendant le changement de rayon de la roue des types. Cet appareil appelé *rhéotome*, consiste dans un cercle à cinquante divisions, alternativement cuivre et ivoire, avec un index mobile. Si l'index est sur le métal, la communication est maintenue, s'il est sur l'ivoire, elle est rompue. La disposition de l'instrument est telle que l'index doit toucher le métal quand le courant doit être maintenu ; il fait une révolution par minute.

Pour donner à l'armature de l'électro-aimant du mécanisme imprimeur une chûte considérable, sans perdre les bénéfices de l'attraction à petite distance, M. Wheatstone a imaginé un petit mécanisme complémentaire fort ingénieux et qui pourrait être employé dans beaucoup d'autres cas. C'est une petite roue placée sous l'armature elle-même, et qui est mise en rotation par le mouvement d'horlogerie correspondant. A cet effet elle est munie d'une petite cheville qui en rencontrant cette armature, la relève graduellement et la rapproche de l'aimant pendant la minute inactive. Après l'avoir élevée à son maximum et l'avoir abandonnée à l'attraction de l'aimant, elle passe outre pour laisser place à une nouvelle chûte lorsqu'elle tombera au moment de l'observation.

On pourrait croire, d'après la description précédente, que chaque instrument météorologique exigerait des roues à types et un appareil à percussion séparés, mais un mécanisme bien simple a permis à M. Wheatstone de faire enregistrer les indications de tous les instruments par le même appareil. C'est un cercle de dix secteurs en cuivre, isolés les uns des autres par dix séparations en ivoire : trois de ces secteurs métalliques sont isolément en communication métallique avec un des instruments, et un index à deux branches peut réunir successivement ces secteurs avec leurs opposés qui sont en communication directe avec l'autre branche du courant, c'est-à-dire celle qui passe par l'électro-aimant de détente. L'index étant relié au mouvement d'horlogerie et accomplissant une révolution autour de son centre en 1 heure, chaque secteur se trouve donc posséder le courant pendant six minutes, et c'est précisément le temps d'une ascension et d'une descente du fil métallique dans les tubes des instruments. Or, comme les trois secteurs se suivent, chacun des trois instruments a alternativement ses indications transcrites de vingt-quatre en vingt-quatre minutes.

## *Anémomètres électriques.*

De tous les instruments de la météorologie, le plus ingrat, le plus inconstant dans ses indications, et celui qui exige le plus de dévouement de la part de l'observateur, est sans contredit l'anémomètre. Pourtant une étude suivie des vents et de nombreuses séries d'observations faites simultanément, dans un grand nombre d'endroits, non seulement enrichiraient la science d'une branche féconde en phénomènes de tous genres, mais pourraient venir en aide à l'agriculture, à l'horticulture, à la botanique, etc.; car des vents dépendent les variations accidentelles de la température et, par suite, la plupart des phénomènes atmosphériques.

On a bien cherché, à plusieurs reprises, le moyen d'obtenir des observations continues, à l'aide de certains mécanismes plus ou moins compliqués et, pour mon compte personnel, j'en avais fait construire un à clepsydre qui, pendant un an, m'a fourni des indications fort importantes; mais je me suis assuré par l'expérience que, bien que les indications fournies par cet instrument fussent consignées pour un intervalle de vingt-quatre heures entre chaque observation, le relevé de ces indications et les apprêts nécessaires pour en obtenir de nouvelles, exigeaient un si grand zèle de la part de l'observateur, que peu de personnes en sont susceptibles. D'ailleurs, la position élevée qu'on est obligé de donner à l'instrument et la nécessité de l'aborder facilement, conditions qui, dans la plupart des cas, ne peuvent être remplies qu'en le plaçant sur une tour ou sur une terrasse belvédère, rendent son emploi assez difficile, et son observation très gênante et très pénible, surtout par les mauvais temps. Je me suis mis alors à rechercher s'il n'y aurait pas moyen d'obtenir dans mon cabinet et, par l'intermédiaire seul de l'électricité, les indications de mon anémomètre, et voici comment j'ai résolu le problème dans mon anémographe électrique:

Supposez qu'un anémomètre, dont nous allons indiquer à l'instant la disposition, soit placé au sommet d'un toît, d'une tour ou d'une montagne même, et que des fils métalliques, combinés en conséquence, unissent cet instrument à un autre appareil récepteur qui sera placé dans le cabinet de l'observateur, on pourra comprendre déjà qu'un courant électrique passant à propos par ces fils et les deux appareils, pourra, à l'aide de certains mécanismes adaptés à l'anémomètre, se trouver interrompu ou rétabli suivant la vitesse et la direction du vent. Or, ces interruptions pouvant être accusées sur l'appareil récepteur, il suffit d'adapter à celui-ci un mécanisme marquant le temps, pour obtenir des indications continues inscrites sous l'influence du vent, par le seul intermédiaire de l'électricité. Tel est le principe de mon anémographe électrique, dont j'ai dû varier la disposition suivant le nombre de fils employés pour transmettre le courant ou suivant le genre d'indications que l'on veut obtenir.

Quand la distance de l'anémomètre à l'appareil récepteur n'est pas grande comme, par exemple, celle d'un toît à l'une quelconque des pièces de l'intérieur d'une maison, l'anémographe à onze fils doit être préféré, car les indications sont plus sûres et la dépense des fils n'est pas considérable. Mais comme il peut arriver que, voulant observer la marche des vents sur de hautes montagnes, on se trouve forcé, par économie, de n'en employer que le moins possible, j'indiquerai les deux genres de mécanismes.

*Anémographe électrique à onze fils de M. Th. du Moncel.* — La description de cet appareil a été faite dans la plupart des journaux de l'année dernière, et même dans quelques uns de ceux de cette année ; aussi, dans la crainte de ne pas être aussi clair qu'eux et de ne pas insister suffisamment sur les parties le moins susceptibles d'être comprises, j'emprunterai au journal l'*Union*, du vingt-six janvier 1853, son compte-rendu qui m'a paru le plus clair et le plus concis.

« La partie de l'appareil de M. du Moncel qui doit recevoir l'influence du vent, se compose d'une boîte cylindrique au centre de laquelle est placée une girouette. L'axe de cette girouette, fixé à la palette, forme corps avec elle, il s'appuie par sa base sur une crapaudine, et est maintenu vers son milieu par un collier qui la laisse libre dans ses mouvements. Dans le même plan que la palette, du côté opposé et au-dessus du collier, se trouve l'axe horizontal d'un moulinet E, dont les ailes font ainsi face au vent dans toutes ses positions. L'axe de ce moulinet, muni d'une vis sans fin, engrène avec un rouage tellement combiné, que chaque tour de roue correspond à cinquante révolutions de l'axe et des ailes. Cela fait, il suffit pour avoir une indication de la vitesse, que chaque révolution de la roue aille s'inscrire dans le cabinet de l'observateur et figurer d'elle-même au registre des observations.

» Pour atteindre ce but, la crapaudine de la girouette est mise en communication avec l'un des pôles de la pile, tandis que l'autre pôle vient aboutir à une languette isolée du reste de l'appareil et que rencontre, à chaque révolution de la roue, un butoir métallique porté par elle. Comme la communication métallique est établie entre la crapaudine et le moulinet par l'axe de la girouette, on comprend aisément que tous les cinquante tours du moulinet le courant électrique passera pour être interrompu l'instant d'après. Ce courant temporaire est utilisé, comme nous l'indiquerons plus tard, pour l'indication de la vitesse cherchée.

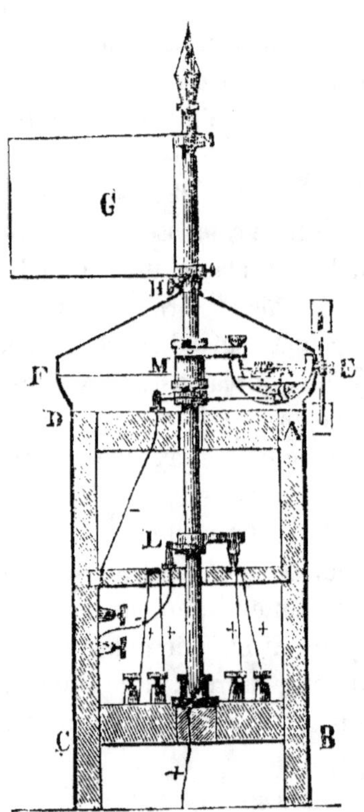


» Quant à la direction et à la durée du vent, la même portion de l'appareil précise quelle elle a été et combien elle a duré. Pour cela, un anneau circulaire est adapté au bâtis solide qui maintient l'axe de la girouette, il est partagé en 8 secteurs correspondants aux 8 aires de vent, et chacun d'eux se compose d'une plaque métallique isolée par le châssis de bois dans lequel elle est incrustée, de sorte qu'en promenant la main sur la circonférence du disque, on rencontrera huit interruptions successives et très minces entre les huit secteurs métalliques. Chacun d'eux est mis en communication avec l'un des pôles de la pile qui doit être le même pour tous, tandis qu'un doigt métallique à ressort, partant de l'axe de

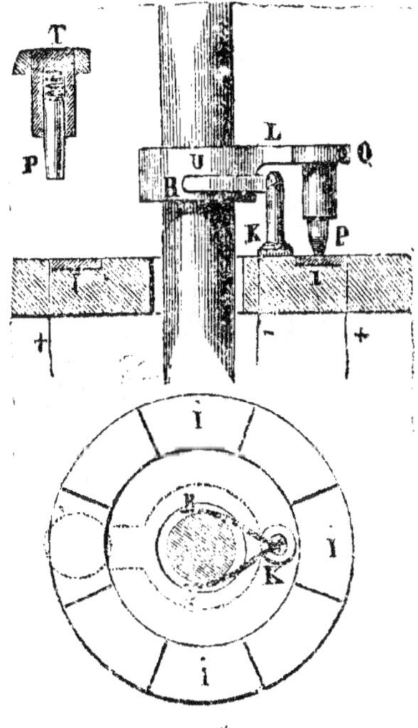

la girouette et s'appuyant sur la couronne métallique, établit la communication avec l'autre pôle tantôt par l'un, tantôt par l'autre de ces secteurs.

» On conçoit donc facilement que le courant pourra

donner des indications différentes suivant celui de ces secteurs qui lui aura livré passage, c'est-à-dire suivant les différentes dispositions de la girouette; et, comme ces indications se prolongent tant que passe le courant, on connaît par là même le temps pendant lequel le vent a persévéré dans la même direction.

» Il reste maintenant à esquisser la seconde partie de l'appareil, celle qui, placée dans le cabinet de l'observateur, recueille les indications et les inscrit.

» Cette partie se compose d'un mouvement d'horlogerie qui commande un cylindre horizontal revêtu de papier.

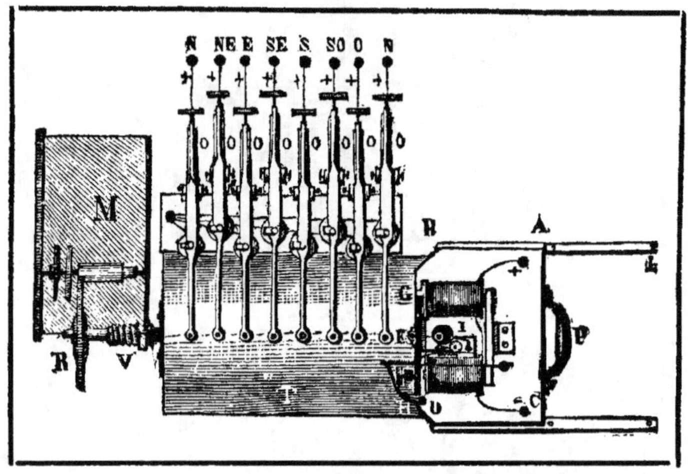


» Ce cylindre exécute en douze heures une révolution complète autour de son axe, en même temps que, conduit par un pas de vis, il s'avance d'une quantité constante, deux millimètres environ par révolution.

» On comprend aisément qu'avec une semblable disposition, un crayon appuyant constamment sur le papier dont le cylindre est revêtu, y décrira une hélice dont les spires seront distantes de deux millimètres les unes des autres, et en nombre égal à celui des tours du cylindre, c'est-à-dire celui des demi-journées pendant lesquelles aura duré le mouvement. De plus, comme on peut tracer à l'avance à la surface du cylindre et parallèlement à son axe, douze droites équidistantes, on connaîtra à quelle heure du jour correspond une impression donnée du crayon par la seule inspection de l'espace où elle se trouve marquée. Des divisions intermédiaires donneront encore plus d'exactitude à l'observation.

» Enfin, l'hélice décrite par le crayon qui tracerait constamment, n'ayant que deux millimètres de distance entre ses spires, on conçoit qu'il soit possible, sans trop exagérer la longueur du cylindre récepteur, d'établir à la suite les uns des autres huit crayons correspondants aux huit aires de vent, et qu'en donnant à chacun au moins trente-deux millimètres de course, on pourra percevoir leurs indications distinctes pendant huit jours entiers.

» Il est facile de voir maintenant comment M. du Moncel, en utilisant le passage intermittent du courant, peut faire agir celui des crayons qui correspond à la disposition actuelle de la 'girouette. Il lui a suffi d'adapter à chacun des porte-crayons un électro-aimant dont l'action, se produisant pendant tout le temps que passe le courant, le laisse appuyé continuellement sur le cylindre et lui fait tracer la portion de l'hélice qui correspond pour l'heure et la durée à celle du vent lui-même.

» Le vent vient-il à changer? le courant envoyé par un autre secteur de la couronne que porte la girouette, fait agir un autre crayon et abandonne le premier que relève à l'instant un ressort antagoniste disposé à cet effet. Le vent correspond t-il a une séparation? aucun trait n'est marqué, mais, en suivant les deux traces entre lesquelles cet intervalle, sans indication, est compris, on peut apprécier immédiatement la nature et la durée de ce vent.

» Quant à la vitesse du vent, le courant dérivé qu'établit l'engrenage dont nous avons d'abord parlé, provoque à

chaque tour de roue, et toujours par un électro-aimant,
l'action d'un crayon qui laisse une trace sur une portion du
cylindre à lui réservée, et permet de compter, par le nombre
de ces traces, le nombre de tours exécutés par le moulinet
lui-même dans un temps donné. En effet, comme l'électro-
aimant qui fournit ces indications est placé transversalement
sur le cylindre, les traits qui sont marqués sont dans le sens
de la génératrice de ce cylindre; il y en a donc un d'autant
plus grand nombre dans chaque espace qui correspond à un
laps de temps déterminé, que le vent est plus fort. Or, comme
on peut, par la correspondance des lignes, voir quel vent
soufflait pendant ce laps de temps, il est facile de rapporter
à tel ou tel vent, telle ou telle vitesse ainsi déterminée.

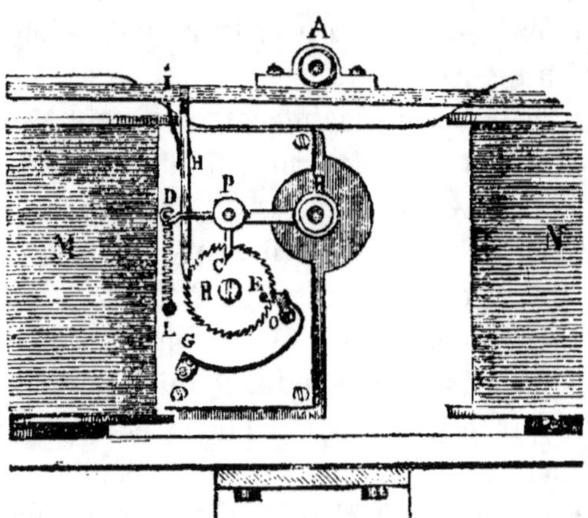

» Cependant, comme dans les vents un peu forts, les traits
ainsi marqués sur le cylindre pourraient être tellement rapprochés qu'ils se confondraient, force a été à M. du Moncel
d'établir un compteur spécial pour les grands vents; ce
compteur, d'ailleurs, lui permettait un compte plus facile et
plus prompt de tous les traits correspondants à une vitesse
moindre. Cette partie de l'appareil, placée entre les branches
de l'électro-aimant des vitesses, consiste dans une roue à ro-

chet de cinquante dents R , sur laquelle agit un cliquet H fixé
à l'armature de l'électro-aimant et qui porte, en l'un des points
de sa circonférence, un doigt E disposé de telle façon qu'à chaque révolution de la roue un petit levier coudé BPC portant
un crayon se trouve mis en jeu. Comme ce dernier crayon
correspond au crayon A des petites vitesses , on comprend
que les traits laissés par lui correspondent à tous les cinquante
traits laissés par l'autre crayon , et que pour un même intervalle de traits on puisse avoir l'indication d'une vitesse cinquante fois plus grande.

» M. du Moncel avait pensé , dans l'origine, à remplacer
les électro-aimants de son appareil par des crayons de fer
agissant , comme dans le télégraphe électro-chimique de
Bain , sur du papier recouvert de cyanure de potassium ,
mais les nombreux inconvénients qui se rattachent à cette
préparation du papier ont dû lui faire préférer le moyen,
sans doute plus compliqué mais plus économique, des électro-aimants à crayons. L'appareil, du reste, tel qu'il est
exécuté, forme un très joli meuble qui peut servir en même
temps d'horloge et même de régulateur pour des compteurs
électro-chronométriques. De plus, un réveil a été ajouté à
l'horloge pour prévenir, en cas d'oubli, du moment où l'on
doit relever l'observation. Il suffit alors de retirer la feuille
de papier de dessus l'appareil, d'en remettre une autre et de
remonter les mécanismes pour remettre l'appareil en état de
fournir une nouvelle série d'observations. En jetant alors les
yeux sur la feuille qu'on vient d'enlever, on voit non seulement la récapitulation de toutes les indications relatives aux
vents pendant les huit jours, mais on peut les suivre, même
heure par heure, ce qui est un avantage inappréciable pour
l'étude des variations diurnes du vent.

» Une pile de Daniell, de six petits éléments, peut faire
marcher l'appareil, et la dépense de son entretien ne s'élève
pas à dix francs par an. »

*Anémographe électrique de M. Th. du Moncel à trois fils.* — Si l'on ne veut employer que trois fils pour faire marcher l'appareil tel que nous l'avons décrit précédemment, un mécanisme additionnel devient indispensable, et le commutateur de l'anémomètre doit avoir une disposition toute particulière, du moins en ce qui concerne la direction et la durée du vent, car les mécanismes en rapport avec la vitesse restent les mêmes dans les deux cas. Il est bon aussi de dire, dès à présent, qu'en raison du cas particulier où ce nouvel instrument doit être préféré, deux des onze fils de l'appareil précédent peuvent être remplacés par la terre, et ces fils correspondent : l'un au circuit en rapport avec l'indication des vitesses, l'autre au circuit qui relie entre elles les différentes pièces de l'instrument qui doivent fournir la direction et la durée des vents.

Le commumateur de l'anémomètre à trois fils, au lieu d'être formé par une couronne métallique coupée en huit secteurs, se compose de 2 rebords métalliques disposés circulairement autour de l'axe de la girouette et divisés chacun en huit parties égales qui ne se correspondent pas *exactement* entre elles pour les deux circonférences, et cela, pour un motif que nous expliquerons. Toutes ces parties des deux circonférences sont d'ailleurs en rapport avec le même pôle de la pile, mais font partie d'un circuit différent, suivant la circonférence à laquelle elles appartiennent, de telle sorte qu'à proprement parler, une circonférence possède un circuit, et l'autre circonférence un autre circuit.

Le doigt qui doit agir sur ce commutateur au lieu d'être coudé est droit, ou plutôt se compose d'un simple levier sur lequel peut circuler, dans une double coulisse horizontale, un noyau métallique armé de deux butoirs parallèles qui plongent verticalement au-dessous du levier et qui se trouvent rappelés, ainsi que le noyau lui-même, dans une position déterminée par un ressort à boudin. Ces deux butoirs descendent assez bas pour rencontrer les rebords des deux circonférences métalliques du commutateur, mais ils sont assez distants l'un de l'autre pour que l'un d'eux se trouvant engagé sur le rebord intérieur, par exemple, l'autre se trouve repoussé un peu au-delà du rebord extérieur. Inutile de dire que le levier et, par conséquent, les butoirs qui s'y trouvent adaptés sont en communication avec celui des pôles de la pile auquel n'aboutissent pas les deux fils du commutateur.

L'appareil étant ainsi disposé, et les rebords des deux circonférences étant placés entr'eux de telle manière que tous les intervalles de séparation d'une circonférence soient en avance sur les intervalles de l'autre circonférence, voici ce qui arrive quand l'appareil fonctionne. Si la girouette marchant de l'ouest à l'est, le premier butoir, que nous appellerons A, rencontre en premier lieu le rebord de la circonférence intérieure, le courant se trouve établi dans le circuit de cette circonférence, et le second butoir B passe latéralement au-dessus du rebord extérieur sans le toucher. Tant que le vent restera dans l'angle correspondant à l'azimut de ces rebords, le courant restera maintenu dans le même circuit. Mais si, au contraire, le vent, après l'avoir franchi, revient sur ses pas, c'est le butoir B qui, le premier, rencontre la circonférence extérieure et établit le courant dans le circuit correspondant. En même temps le butoir A se trouve repoussé au-dessous du rebord de la circonférence intérieure et, ne le touchant pas, ne peut réagir sur le courant.

Pour que ce double mouvement puisse s'effectuer régulièrement, plusieurs petits détails accessoires deviennent indispensables; il faut d'abord que les parties des rebords, qui font saillie, se recourbent un peu pour que les butoirs puissent s'engager facilement, et, de plus, il faut qu'elles soient flexibles pour que quand le butoir A est au-dessous du rebord correspondant, elles ne soient pas un obstacle à sa marche. Mais, comme en rencontrant cette partie flexible des rebords, le butoir A pourrait réagir sur le courant en temps inopportun, ce butoir lui-même a dû être construit moitié en argent, moitié en ivoire, et disposé de telle manière que la demi-circonférence d'ivoire corresponde à la course rétrograde, et la demi-circonférence d'argent à la course normale.

Ainsi, suivant le sens dans lequel tourne la girouette, le courant se trouve renvoyé dans l'un ou l'autre des deux circuits. Nous allons voir maintenant comment ces deux circuits différents peuvent agir pour distribuer le courant sur les électro-aimants des crayons, suivant les différents azimuts du vent.

Supposez, en face l'un de l'autre, 2 électro-aimants dont l'armature, munie d'un crochet, puisse réagir en sens inverse sur une roue à rochet placée entre leurs pôles. Supposez que cette roue à rochet n'ait que 8 dents et porte, comme celle du compteur de la vitesse de l'appareil précédent, une cheville métallique à ressort appuyant de haut en bas. On comprendra qu'au moyen de leviers coudés, réagissant d'une armature sur l'autre et sur des leviers d'encliquetage, chaque mouvement de l'armature de l'un des électro-aimants fera avancer la roue d'un huitième de sa circonférence, tandis que l'autre électro-aimant, réagissant après, la fera rétrograder d'autant de fois un huitième de sa circonférence qu'il y aura eu de mouvements de la part de son armature. De plus, si la cheville métallique dont est armée la roue, est en rapport avec l'un des pôles d'une pile supplémentaire et rencontre, à chaque mouvement de la roue, une petite plaque métallique en rapport avec un électro-aimant indicateur de l'appareil primitif, il arrivera que, suivant le mouvement de la roue à rochet dans un sens ou dans l'autre, ce sera l'un ou l'autre des huit crayons qui deviendra actif. Par conséquent,

en interposant les deux électro-aimants moteurs de la roue
à rochet dans les deux circuits correspondants au commutateur de l'anémomètre, et orientant les deux appareils, c'est-
à-dire la girouette et la roue à rochet du mécanisme récepteur, chaque changement de vent pourra être accusé par la
circulation du courant dans tel ou tel électro-aimant de l'a-
némographe précédent. Tel est le mécanisme additionnel au
moyen duquel on peut économiser huit fils conducteurs.

Avec ce système, on pourrait, par un mécanisme très
simple, mais dont les indications seraient peut-être moins
sûres, éviter les huit électro-aimants de l'anémographe à
onze fils, et réduire, par conséquent, leur nombre à trois
seulement.

Il suffirait, pour cela, d'adapter à la roue à rochet du
mécanisme additionnel dont je viens de parler, une poulie
qui serait montée sur le même axe qu'elle. Cet axe pivoterait
entre deux pointes d'acier, et sa poulie serait en correspondance avec une autre poulie du même diamètre, montée
également sur un axe vertical. La distance des deux axes serait précisément égale au développement de la circonférence
de ces poulies, et, au-dessous de ce système, tournerait le
grand cylindre aux indications qui serait construit de la même manière que pour l'anémographe à onze fils, seulement,
la feuille de papier s'enroulant sur un second cylindre placé
de côté, et un peu au-dessous du premier, formerait comme
une nappe légèrement inclinée au-dessous de ce système de
poulies.

Une courroie, portant trois petits cylindres verticaux, dans
lesquels pourraient glisser jusqu'à une certaine limite des
crayons, relierait les deux poulies, et, comme la distance des
centres de ces poulies serait égale au développement de leur
circonférence, chaque dent de la roue à rochet du mécanisme
récepteur qui s'échapperait ferait prendre successivement aux

crayons de la courroie une position déterminée qui serait un huitième de la tangente commune ou de la partie droite de la courroie. En prenant donc celle de ces deux tangentes qui se trouve au-dessus de la génératrice du cylindre aux indications, comme étant la ligne suivant laquelle doivent se faire ces indications, on pourrait juger de la nature du vent qui a régné par la *hauteur* de la trace au crayon laissée sur le cylindre, et apprécier sa durée par la longueur de la trace elle-même. De plus, comme la longueur totale de la courroie représente trois fois la longueur de la tangente commune, un crayon devra toujours succéder à l'autre dans le champ des indications, quelque soit le sens dans lequel s'accomplit le mouvement des poulies ou de la roue à rochet. La disposition inclinée de la feuille de papier est forcée par la nécessité dans laquelle on se trouve d'éviter les marques du crayon au moment de leur retour du côté opposé au champ de l'indication, et les soubresauts qui résulteraient d'une solution brusque de continuité.

*Anémomètre électrique à compteurs de l'Observatoire de Paris.* — Au moyen des anémographes dont nous venons jusqu'à présent de parler, on peut suivre en quelque sorte la marche du vent heure par heure, minute par minute; mais, pour les récapitulations mensuelles si nécessaires pour le calcul des moyennes météorologiques, un tel mode de notation entraîne tant de travail à cause des variations du vent, qu'on serait bien vite découragé si, à l'aide de compteurs spéciaux, cette récapitulation n'était faite elle-même par l'instrument. Aussi, l'appareil que nous allons décrire peut-il être regardé comme un complément du premier et lui être adapté, bien qu'on puisse néanmoins en faire un instrument tout-à-fait indépendant. L'anémomètre que j'ai installé à l'Observatoire de Paris réunit ces différents systèmes d'appareils, et de plus un pluviomètre anémométrique qui

donne la quantité de pluie amenée par chaque vent. Ayant
déjà décrit la partie traçante de l'instrument au sujet de l'anémographe à onze fils, je n'ai plus à m'occuper que des deux
systèmes compteurs qui, comme je l'ai dit, doivent fournir la
somme des instants pendant lesquels chaque vent a soufflé
et la vitesse moyenne de chacun d'eux pendant un laps de
temps déterminé.

Le premier système n'a pas d'autre mécanisme transmetteur que celui qui agit sur les électro-aimants portant les
crayons. Il est complètement lié aux mouvements de ceux-ci,
bien qu'il forme sur l'appareil récepteur un mécanisme indépendant.

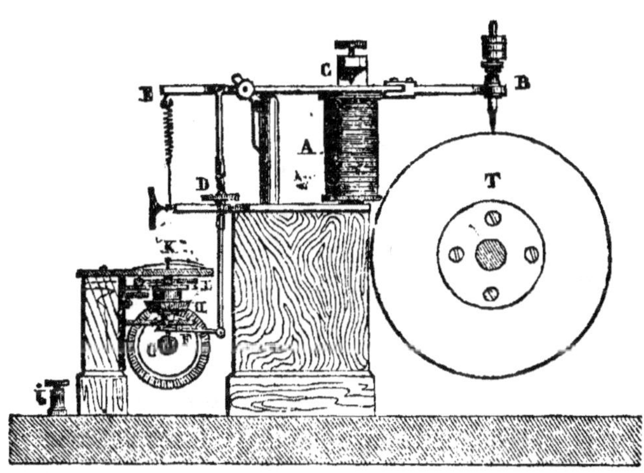

Ce mécanisme consiste dans un arbre horizontal sur lequel
sont montées huit roues d'angle dont l'écartement représente
exactement l'intervalle qui sépare les électro-aimants l'un de
l'autre. Cet arbre est placé à l'opposite du cylindre récepteur
et parallèlement à lui, c'est-à-dire derrière les électro-aimants;
il reçoit son mouvement de rotation de l'horloge par l'inter-

médiaire d'une chaîne de Vaucanson, dont les rouages sont tellement disposés et combinés qu'il accomplit un tour sur lui-même toutes les deux heures. Au-dessus de ces roues et s'engrenant avec elles à angle droit, se trouvent huit autres roues d'angle horizontales, d'un diamètre 2 fois plus petit et dont l'axe *creux* pivote sur une platine fixée au bâtis du mécanisme. Ces roues, qui font un tour en une heure, sont toutes constamment engrenées et marchent avec l'horloge.

A une certaine hauteur, au-dessus de chacune de ces roues que nous appelerons roues motrices, est disposée une minuterie de pendule dont le pivot de la roue des minutes traverse l'axe creux de la roue motrice, ainsi que la platine qui la supporte et vient s'appuyer sur une lame de ressort très flexible.

Cette roue des minutes porte au-dessous d'elle un ressort arqué dont les extrémités sont distantes à peine d'un demi millimètre de la surface horizontale de la roue motrice en temps ordinaire, mais qui viennent appuyer sur elle quand le pivot de la roue des minutes se trouve abaissé sur le ressort qui lui sert de support. Alors la minuterie participe au mouvement de la roue motrice et se trouve engrenée jusqu'à ce que la pression qui a fait abaisser le pivot de la roue des minutes ait cessé.

Un cadran de montre et des aiguilles étant adaptés à chaque minuterie, on comprend que la durée de la pression qui a pour effet son engrènement peut être facilement constatée, et que si ces pressions sont alternatives, leur durée totale ou la somme de leurs durées partielles sera exprimée par le nombre d'heures et de minutes marquées sur le cadran. Pour obtenir la somme totale des persistances du vent dans une même direction, il ne s'agira donc que de faire réagir l'électro-aimant correspondant à cette direction sur celle de ces minuteries qui sera à sa portée.

Pour cela, j'ai fait l'armature de ces électro-aimants à bascule, et, en l'un des points(1) du bras de la bascule opposé à celui qui porte le crayon, j'ai articulé une tige métallique à vis de rallonge descendant verticalement. Cette tige a été ensuite articulée à l'extrémité d'un levier basculant, dont le bras libre allait appuyer sur le pivot de l'aiguille des minutes du compteur correspondant. Ainsi disposée, l'armature de l'électro-aimant en s'abaissant souleve la tige articulée, et celle-ci, en soulevant à son tour le levier-bascule, le fait engrener la minuterie. Tant que le courant circule dans l'électro-aimant l'engrènement subsiste, mais aussitôt qu'il est rompu la minuterie devient libre.

Dans la figure ci-jointe, l'électro-aimant est indiqué en A, son armature en EB, la tige à vis de rallonge en D, le levier à bascule en F, la minuterie en L, les aiguilles en K, et les roues motrices en H et en G. Seulement le système est un peu différent. Ainsi, dans cette figure le levier à bascule est figuré au-dessous du compteur et agit par traction, tandis que dans mon nouveau système, il est au-dessus des cadrans; d'un autre côté le ressort arqué est remplacé par un ressort à boudin.

Les compteurs en rapport avec les vitesses des différents vents consistent dans huit électro-aimants spéciaux à une seule bobine, qui portent sur leur branche sans bobine une platine en cuivre, sur laquelle sont disposées une roue à rochet de cent dents avec ses crochets d'encliquetage, et une autre roue à dents droites engrenant avec un pignon que porte le rochet. L'armature de ces électro-aimants porte le cliquet d'impulsion de telle manière que, chaque fois qu'elle

_________

(1) Ce point doit être calculé d'après la distance du ressort arqué de la surface de la roue motrice.

s'abaisse, elle fait sauter une dent du rochet. Deux flèches
de repère sont fixées sur la platine et les divisions sont
gravées et numérotées de 10 en 10 sur les roues elles-mêmes.
Ainsi disposés, les compteurs sont placés verticalement les
uns vis-à-vis des autres au nombre de quatre de chaque côté,
et rangés de manière que les ressorts antagonistes des armatures et les vis de rappel pour le réglement de leur écart
soient placés sur un bâtis de cuivre commun.

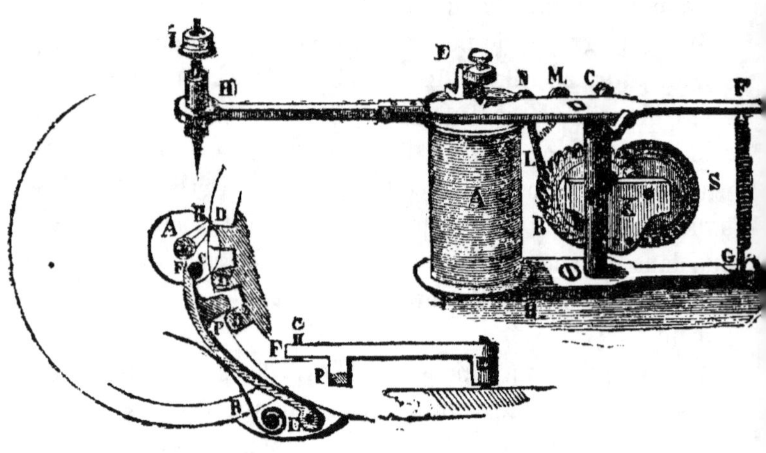

La figure précédente peut donner une idée de ce genre de
compteurs, en supposant le crayon supprimé.

Le mécanisme transmetteur en rapport avec ces compteurs
est beaucoup plus compliqué. Il est indépendant de celui

qui fournit les indications de la vitesse sur l'anémographe à
onze fils.

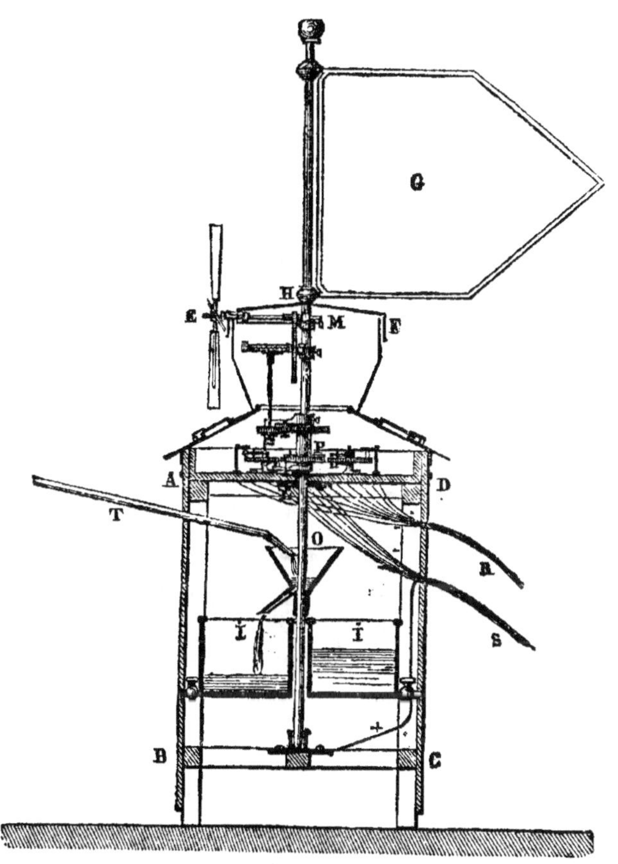

Dans cet appareil, l'axe du moulinet anémomètre commande un système d'engrenages qui a pour but de ralentir
considérablement le mouvement communiqué par le moulinet, de le transformer en mouvement horizontal et de le
transmettre en dernier lieu à une lanterne à dents coupantes,
A, (n° 1 et n° 2) qui laisse passer par son centre l'axe de

la girouette en pivotant sur le noyau d'attache d'un petit levier **AK**, muni d'une excentrique à rebord **ECIDF**.

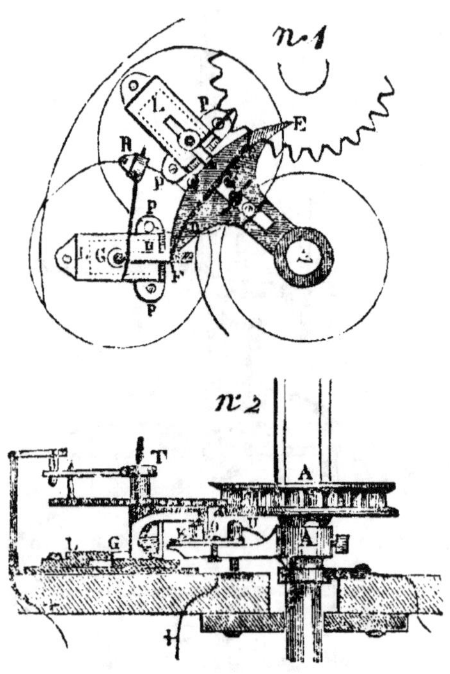



Cette excentrique est la pièce importante de cette partie de la machine, car c'est elle qui, suivant l'influence du vent doit faire engrener avec la lanterne **A**, les roues à dents pointues correspondant à chaque direction azimutale (de 45° de la rose des vents.) A cet effet, le pivot de ces roues, mobile dans une coulisse horizontale, porte un crochet **SO**, qui étant rencontré par le rebord de l'excentrique se trouve entraîné jusqu'à ce que la roue soit engrenée avec la lanterne. Or, comme l'excentrique en question est calculée de manière à laisser subsister l'engrènement tout le temps que le vent oscille dans un angle de 45°, on conçoit qu'un butoir fixé en un point de la surface de chacune de ces roues, pourra entraîner un levier agissant sur un interrupteur qui fermera tous les quatre cents tours du moulinet un circuit voltaïque passant à travers les compteurs, car le rapport du mouvement de ces roues au moulinet est de 1 à 400.

L'interrupteur en question est une des parties les plus délicates de l'appareil. J'en ai fait construire de plusieurs systèmes avant d'en avoir un qui puisse s'accommoder des exigences des roues en mouvement longitudinal et des soubresauts occasionnés par l'impétuosité du vent. Celui qui m'a le mieux réussi, consiste dans une poulie d'ivoire à larges bords, pouvant s'adapter par son centre, à frottement très dur sur le pivot des roues azimutales. L'un des rebords de cette poulie, le rebord supérieur est en métal platiné, l'autre porte dans la gorge même de la poulie un petit appendice de platine, qui est l'extrémité d'un fil du même métal qui traverse, en se repliant, l'épaisseur de l'ivoire, pour sortir par la surface supérieure de la poulie. Sur la gorge de cette poulie frotte une bague de cuivre, et cette bague porte le levier qui doit être rencontré par le butoir de la roue. Enfin à ce levier lui-même sont soudés deux ressorts frotteurs appuyant l'un sur le rebord d'ivoire où est soudé l'appendice de platine, l'autre sur le rebord de métal platiné.

Comme le fil de platine correspond à l'une des branches du courant par un fil très long, très flexible et pouvant se détirer, et comme le rebord métallique est en rapport avec l'autre branche, par l'intermédiaire d'un fil disposé de la même manière, on comprend que ce courant se trouve fermé toutes les fois que le ressort frottant du levier passe sur l'appendice de platine.

Si l'on considère maintenant que les fermetures temporaires du courant sont d'autant plus nombreuses que le vent a persisté plus longtemps dans chaque direction et a été plus fort, on en conclura que, connaissant le nombre de ces fermetures par les compteurs ainsi que la somme totale des instants pendant lesquels le vent a soufflé dans une même direction dans un temps donné, on pourra connaître sa vitesse moyenne pendant ce temps et suivant cette direction.

Pour obtenir avec ce système d'appareil transmetteur les indications relatives aux variations diurnes de l'intensité du vent, lesquelles doivent être inscrites sur le cylindre récepteur, j'ai adapté au support de la roue qui communique le mouvement du moulinet à la lanterne, un ressort de platine isolé sur de l'ivoire et en rapport avec un collier métallique également isolé, fixé sur l'axe de la girouette au-dessous de l'excentrique. Le courant parvient à ce collier par un frotteur et se trouve fermé par le ressort de platine toutes les fois qu'il est rencontré par un butoir rivé sur la petite roue horizontale correspondante. Comme le rapport du mouvement de cette roue au moulinet est de 1 à 150, le courant est fermé tous les 150 tours du moulinet.

Bien que ces données anémométriques soient les plus nécessaires à connaître, il en est encore une dont on ne s'est jamais préoccupé, et qu'il serait pourtant bien important d'étudier, c'est l'inclinaison du vent aux différentes heures de la journée et suivant sa direction. Voici un appareil que je proposerais dans ce but, et qui pourrait parfaitement s'adapter aux précédents. C'est une palette métallique qui serait placée perpendiculairement au plan de la girouette et qui serait mobile autour d'un axe horizontal sur lequel elle serait maintenue en équilibre. Cet axe, toutefois, devrait être isolé métalliquement de la girouette, et la palette elle-même ne devrait la toucher que par un appendice qui servirait de commutateur. Le vent en soufflant dirigerait la palette, suivant son inclinaison ; et l'appendice, en décrivant un arc de cercle, pourrait réagir sur trois plaques conductrices, isolées, correspondant aux trois principaux azimuts de l'inclinaison du vent; car il pourrait établir un courant électrique dans l'une ou l'autre d'entre elles, ou plutôt dans l'un ou l'autre des circuits auxquels appartiendraient ces plaques. Il suffirait donc de trois électro-aimants armés de crayons pour marquer sur le cylindre récepteur les différentes inclinaisons du vent.

*Appareil pour les observations astronomiques.*—M. Bond a présenté dernièrement à Ipswich les dessins d'un appareil destiné à rendre les observations astronomiques plus faciles et plus rapides. Il se compose essentiellement d'un cylindre recouvert d'une feuille de papier et faisant un tour par minute, en même temps qu'il s'avance le long de son axe. Une petite plume ou un crayon appuie sur le papier, à toutes les ruptures du courant et trace ainsi une série de points rangés en spirale. L'observateur a, sous sa main, le clavier interrupteur. A chaque fois que l'étoile passe derrière un des fils du micromètre de la lunette, il abaisse une touche avec son doigt et imprime un point sur le papier. La position du point fixe la minute et la seconde de l'observation. M. Airy fait en ce moment l'application de cette méthode à l'observatoire de Greenwich.

V.

## Chronoscopes et Chronographes électriques.

Dans une foule de circonstances particulières, on est appelé à mesurer un intervalle de temps excessivement court, comme un millième de seconde, par exemple. Ainsi, quand on veut constater la promptitude d'inflammation des différentes espèces de poudres, la vitesse des projectiles et de corps qui ne peuvent, comme la lumière, produire par eux-mêmes un effet physique instantané à distance, on est forcé d'employer des mécanismes susceptibles de fournir une mesure de temps quelquefois même plus petite que la fraction de seconde que nous avons indiquée. On comprend alors que la plus grande difficulté à surmonter n'est pas l'appréciation mécanique de ce temps infiniment court, mais le *point de départ et le point d'arrêt* de l'observation, car nos organes sont bien loin d'être assez sensibles pour une pareille appréciation. L'électricité est venue encore merveilleusement à l'aide de la mécanique, pour servir d'organe sensible et doter les corps matériels des propriétés au moyen desquelles la vitesse de la lumière a pu être constatée directement. Ce sont ces instruments auxquels on a donné le nom de chronoscopes et chronographes électriques.

*Chronoscope de M. Wheatstone.*—M. Wheatstone, dont nous avons si souvent parlé, paraît être encore le premier qui ait eu l'idée de ce genre d'application de l'électricité. Il aurait, dit-il, dans une réclamation adressée à l'Académie des sciences, inventé et construit, dès 1840, un appareil électro-magnétique destiné à mesurer la vitesse initiale des projectiles. Cet appareil, composé d'un mouvement d'horlogerie, portait une aiguille qui marquait, sur un cadran divisé, l'instant où une roue d'échappement, mise en mouvement par un poids, était arrêtée par une ancre. Cette ancre, selon qu'elle était ou non sollicitée par un électro-aimant, arrêtait ou rendait libre la roue d'échappement; la durée du courant était mesurée par l'arc décrit.

M. Wheatstone dit que son appareil pouvait donner un 7,300 ième de seconde. Néanmoins il est permis de douter de sa précision pour mesurer un temps si court, attendu que le mouvement de l'aiguille est nécessairement saccadé, et que l'arrêt peut se faire un peu avant ou après le passage d'une dent de l'échappement, sans suivre aucune loi, ce qui empêche de prévoir le sens et la grandeur de l'erreur. Cet appareil ne peut donc servir pour des expériences où une grande exactitude est nécessaire.

*Chronographe de M. Breguet.* — En 1843-44, M. Breguet a construit, pour le capitaine russe Constantinoff, un appareil beaucoup plus parfait, mais tellement compliqué que son usage n'a pu s'étendre.

Cet appareil se composait d'un cylindre en cuivre, tournant autour de son axe, et dont la surface était divisée en millimètres par des génératrices. Sur ce cylindre venaient appuyer deux styles, portés par un chariot mobile sur un chemin parallèle à l'axe. Le chariot portait trois électro-aimants dont 2 maintenaient les styles éloignés du cylindre jusqu'à l'interruption du courant, le troisième maintenait le chariot jusqu'à l'instant du départ. Le chariot était mis en mouvement par un échappement à ancre oscillant entre deux électro-aimants, lequel laissait à chaque oscillation échapper la dent d'une roue autour de l'arbre de laquelle s'enroulait le fil qui tirait le chariot.

Enfin, le mouvement d'horlogerie qui communiquait au cylindre une vitesse uniforme de deux tours par seconde, réagissait sur un commutateur en rapport avec les électro-aimants de l'échappement à ancre du chariot, et faisait avancer celui-ci d'une dent pour chaque demi-tour du cylindre.

Avec cette disposition, chaque millimètre du cylindre représentait, par rapport aux styles fixes, une fraction de seconde dépendant du nombre de millimètres contenus dans la circonférence du cylindre, et de la vitesse de celui-ci.

En admettant donc que chacun des styles fût en connexion avec un circuit spécial, et que ces circuits fussent en correspondance avec une cible particulière, formant comme un treillis composé d'un seul fil métallique replié sur lui-même, on conçoit que le projectile, en perçant ces cibles et en interrompant par conséquent les deux circuits, pouvait réagir sur les styles en les forçant d'abandonner les électro-aimants qui les maintenaient à distance du cylindre. Ces styles venaient donc tracer, l'un après l'autre, une ligne sur le cylindre en mouvement, et la différence de position de ces lignes, à l'égard des génératrices servant de point de départ, pouvait fournir la fraction de seconde écoulée entre le percement des deux cibles.

Par un relais additionnel extrêmement simple, M. Breguet était parvenu à n'employer qu'un seul courant pour les différentes cibles. Pour cela, il le faisait passer successivement de l'un à l'autre circuit, au fur et à mesure que chacun se trouvait interrompu. Cette disposition lui fournissait, en outre, le moyen de n'employer que deux styles pour un nombre quelconque de cibles, et c'est à cet effet que le chariot mobile avait dû être installé.

Un interrupteur, ajouté à l'appareil, a permis de constater le degré d'uniformité du mouvement de l'instrument, et de calculer le temps employé par les styles à s'abaisser, temps qu'un grand nombre d'expériences réitérées a fait estimer à douze millièmes de seconde.

*Chronoscope de M. Pouillet.* — En 1844, M. Pouillet construisit un appareil basé sur la déviation de l'aiguille d'un galvanomètre, produite par la durée des courants. L'aiguille déviant non-seulement en raison de l'intensité, mais encore de la durée des courants, il faut non-seulement graduer l'appareil avant d'en faire usage, mais encore obtenir une intensité de courant constante dans les expériences, opérations délicates et sur l'exactitude desquelles on ne peut guère compter malgré le secours d'hommes très expérimentés.

Quoiqu'il en soit, voici comment M. Pouillet mettait en jeu son chronoscope :

Les 2 extrémités d'un circuit dans lequel se trouvent le galvanomètre et un élément de Daniell, viennent s'adapter, l'une à la capsule et l'autre au chien d'un fusil, dont la batterie est bien isolée du canon; une portion du fil passe devant le bout du canon de manière à être coupée par la balle à l'instant où elle sort, voilà tout l'appareil. Lorsqu'on tire, le courant passe donc pendant tout le temps qui s'écoule depuis l'instant où le chien frappe la capsule, jusqu'à l'instant où la balle coupe le fil. Les déviations produites sur le galvanomètre montrent alors que la vitesse de la balle, pour franchir la longueur du canon d'un fusil ordinaire est, pour une charge ordinaire, de un 140e à un 150e de seconde.

En variant les charges, en prenant des poudres de diverses qualités et des armes différentes, à canons ordinaires ou rayés, on peut aisément déterminer, dans tous les cas, le temps dont il s'agit.

Pour appliquer le même principe à la recherche des vitesses d'un projectile aux différents points de sa trajectoire, il suffit de disposer sur sa route un système de fils de soie, et, plus loin, un système de fils conducteurs, de telle sorte qu'en rompant le fil de soie, le projectile établisse la communication électrique, et qu'en rompant le fil conducteur il la supprime. La déviation observée donnera le temps du passage, seulement il faudra tenir compte du temps nécessaire au débandement du ressort qui doit établir la communication là où le fil de soie est coupé.

*Chronoscope à pointage de M. Martin de Brettes.* — Quand il ne s'agit que d'apprécier des instants très courts, à un dixième ou à un vingtième de seconde près, on peut se servir d'un chronoscope beaucoup plus simple, qu'indique M. Martin de Brettes. Il consiste principalement dans un compteur à pointage ou chronomètre, disposé de manière que la pression exercée sur un bouton extérieur se transmet instantanément à l'aiguille qui marque alors un point noir sur le cadran au moyen de l'ancre dont elle doit être imprégnée. De cette manière, l'instant précis de la pression exercée sur le bouton est pointée sur le cadran. (1)

En supposant donc qu'un semblable compteur soit fixé sur une planchette, et qu'à portée du bouton soit disposée une armature de fer doux, maintenue dans une position déterminée par deux ressorts antagonistes, on comprendra qu'un électro-aimant, placé convenablement, pourra attirer cette armature au moment où le circuit sera fermé, mais que cette armature en se détachant au moment de l'interruption du courant, pourra, en raison de l'élasticité des ressorts, donner un coup sur le bouton et l'abandonner ensuite.

Si donc l'électro-aimant en question est en rapport avec deux circuits différents disposés en *relais*, c'est-à-dire de telle manière que la rupture de l'un entraîne la fermeture de l'autre, il en résultera que deux coups seront frappés successivement sur le bouton au moment où les cibles, en rapport avec ces circuits, seront percées. L'intervalle des deux pointages donnera donc la fraction de seconde écoulée entre les deux ruptures des circuits. On conçoit, d'ailleurs, que d'autres dérivations faites avec le fil de l'électro-aimant, pourraient relier à l'appareil un plus grand nombre de cibles.

Quant au mécanisme du relais en lui-même, il peut être plus ou moins compliqué, mais le plus simple est l'interposition, dans le circuit qui commande, d'un électro-aimant dont l'armature est en rapport avec l'une des branches du second courant, et dont le butoir d'arrêt est en rapport avec l'autre branche. Tant que le courant subsiste dans le premier circuit, l'armature est éloignée du butoir, et, par conséquent le courant n'est pas fermé dans le second circuit; mais, aussitôt que l'armature se détache, le contact a lieu, et ce second circuit se trouve fermé.

(1) M. Breguet a exécuté des chronomètres de cette sorte, qui permettent d'apprécier un dixième et même un vingtième de seconde.

*Chronoscope de M. Siemens.* — M. Siemens dans un aperçu historique des nouveaux procédés servant à mesurer des espaces de temps fort courts, tels que ceux qui séparent les positions d'un projectile dans les différents points de sa trajectoire, réclame, au nom d'une Commission royale d'officiers d'artillerie prussiens, la priorité de la conception et de l'exécution de l'idée d'employer, dans ce but, les effets électro-magnétiques d'un courant voltaïque. Quoiqu'il en soit de ces prétentions, voici comment M. Siemens a proposé de résoudre la question.

Quand une surface polie est soumise à l'étincelle électrique, on trouve que chaque étincelle y laisse une trace extrêmement déliée, mais très distincte, en forme d'une petite tache dont la couleur et la nature varient suivant la nature des métaux que l'on emploie. Une plaque d'acier, par exemple, est ce qu'il y a de mieux pour s'assurer de ce phénomène. Maintenant, qu'on imagine un cylindre d'acier poli, à pourtour divisé, tournant sur son axe avec une vitesse appropriée, et une pointe métallique établie à une distance fort courte vis-à-vis de ce cylindre, dont la marche sera d'ailleurs réglée à l'aide d'un pendule conique. La pointe et le cylindre feront partie des circuits de deux batteries de Leyde qui se trouveront interrompus aux deux points points de la course du projectile entre lesquels il s'agit de mesurer la vitesse. Le projectile, en traversant la première station, complète le circuit de la première batterie ; une étincelle jaillit entre la pointe et le cylindre d'acier et y laisse sa marque. Le cylindre continue de tourner, et le boulet, en complétant le second circuit, donne lieu à une seconde marque dont la distance à la première, évaluée en degrés de la circonférence, sert, comme dans les autres appareils de ce genre, à déterminer le temps qui s'est écoulé entre deux étincelles.

Voici, au reste, le dispositif à l'aide duquel le boulet

complète le circuit. Un certain nombre de fils métalliques, régulièrement espacés entre eux et isolés l'un de l'autre, sont tendus sur un cadre, et ces fils communiquent alternativement avec les deux extrémités du circuit de la batterie, de sorte que le premier, le troisième, le cinquième, etc., sont en rapport avec l'une d'elles, tandisque l'autre va rejoindre tous les fils de nombre pair. Le boulet, en traversant le cadre, est censé fermer le circuit en établissant une communication métallique entre deux fils quelconques.

La supériorité de ce chronoscope sur les autres est incontestable et on le comprendra si l'on examine que la durée de l'étincelle électrique, peut être regardée, comme instantanée, et n'est pas soumise aux caprices de l'action mécanique déterminée par l'action magnétisante, laquelle peut non-seulement faire varier les conditions de l'expérience, mais entraîne encore une perte de temps appréciable : perte par l'action du courant sur le magnétisme du fer, et perte par la chute du corps.

*Chronographe électro-chimique.* — Si le chronographe précédent l'emporte sur les autres par la suppression de l'action mécanique qui est la conséquence inséparable des moyens électro-magnétiques, il a le désavantage d'être difficilement applicable à des circuits un peu longs et de nécessiter un isolement beaucoup plus parfait des fils conducteurs. On pourrait, ce me semble, réunir les avantages du chronographe de M. Siemens à ceux des autres chronographes, en employant le procédé électro-chimique que M. Bain a appliqué à son télégraphe, c'est-à-dire en enveloppant le cylindre compteur d'une feuille de papier recouverte de cyanure de potassium blanchi à l'acide hydrochlorique. Des styles en fer communiquant au fil positif de la pile et appuyant constamment sur la feuille, indiqueraient, par les traces bleues qui seraient tracées, l'instant précis des fermetures des courants, sans qu'aucun retard fût occasionné par la chute des style.

*Chronoscope de MM. Breton.* — Ce chronoscope, très simple d'ailleurs dans sa disposition et son principe, a été appliqué à la vérification de la loi de la chute des corps et peut remplacer avantageusement la machine d'Atwood. Le corps pesant qui sera une bille d'ivoire, par exemple, sera placé à la partie supérieure d'une colonne d'acajou, au-dessus d'une espèce de trappe. Cette trappe peut être abaissée au moyen d'un cordon, mais elle est disposée de manière qu'un circuit voltaïque, qui passe au travers, se trouve inter-rompu précisément au moment où elle est abaissée. Ce cir-cuit correspond à un électro-aimant dont l'armature, en se détachant, peut engrener un compteur susceptible d'enre-gistrer un millième de seconde.

Au-dessous de la trappe, et fixé sur une plate-forme à cou-lisse mobile, le long d'une règle graduée, se trouve une es-pèce de petit bassin dans lequel doit tomber la boule d'ivoire. Mais comme ce petit bassin est monté sur un ressort flexible mis en connexion avec le courant, et comme ce ressort étant abaissé en rencontre un autre qui complète le circuit, il arrive que le choc occasionné par la chute du corps réagit en même temps sur l'électro-aimant du compteur et le désen-grène; le compteur n'aura donc marché que depuis le mo-ment où la trappe a été soulevée jusqu'au moment où le corps en tombant a touché la bassine. Or, ce temps peut être estimé en millièmes de seconde au moyen du compteur.

En plaçant la plate-forme du bassin à différentes hauteurs, le long de la règle graduée, il devient facile de constater les lois de la chute des corps.

*Chronoscope de M. Hipp.* — L'idée de l'application du chronoscope à la vérification des lois de la chute des corps n'appartient pas exclusivement à MM. Breton, frères. Le chronoscope de **M. Wheatstone**, perfectionné par **M. Hipp**, avait été établi dans ce but et pouvait en même temps servir pour d'autres expériences. Le mécanisme de cet instrument était du reste presqu'identique avec celui que nous venons de décrire et était d'une sensibilité prodigieuse.

*Loch électrique de M. Bain.* — Cet instrument, pas plus que mon chronographe électrique, dont je vais donner la description, n'a pour but de mesurer des espaces de temps très courts ; mais, comme ces appareils sont appelés à constater des vitesses et que l'appréciation des vitesses est principalement le but des chronographes, j'ai rapproché à dessein de ces instruments ceux dont nous allons parler.

Le loch électrique, imaginé en 1845 par **M. Bain**, était destiné à mesurer d'une manière continue la vitesse des navires ; l'inventeur avait envoyé à l'Académie des sciences une note sur cet instrument, mais elle n'a pas été publiée ; je ne puis donc en faire la description.

*Chronographe de M. Th. du Moncel.* — Il est souvent essentiel, particulièrement sur les chemins de fer, de connaître la vitesse exacte dont peut être animé un train quelconque, pour apprécier les différentes variations de cette vitesse. Or, voici dans ce but un instrument excessivement simple qui pourrait être placé sur chaque convoi de chemin de fer et même dans chaque compartiment de diligence (1).

Qu'on suppose, fixé sur le moyeu d'une roue d'un de ces véhicules, un appendice métallique en rapport avec l'un des pôles d'une pile, et qu'à portée de cet appendice se trouve placé un ressort fixe en rapport avec l'autre pôle de la pile,

(1) Cet appareil doit être en rapport avec l'une des roues des wagons et non avec les roues motrices de la locomotive ; car la développée de ces dernières est toujours plus grande que le chemin parcouru. C'est ce qui rend l'intervention de l'électricité nécessaire dans ce genre d'appareils.

on comprendra déjà que chaque tour de la roue pourra être indiqué par une fermeture du courant; or, la circonférence de la roue étant une longueur connue, on peut facilement savoir combien de tours doivent être accomplis pour parcourir l'intervalle d'un kilomètre. Un compteur qui sera donc interposé dans le courant et dont les engrenages seront tels, que l'aiguille de la dernière roue décrira un arc d'un ou de deux degrés par kilomètre, donnera donc la somme des kilomètres parcourus dans le voyage, et il suffira de constater le temps que l'aiguille met à parcourir un degré ou une quelconque des subdivisions de ce degré, pour connaître les différentes vitesses du train.

Comme il importe souvent que ces diverses indications soient faites fréquemment, j'ai pensé à les faire enregistrer par l'instrument lui-même, de kilomètre en kilomètre, et voici comment je m'y suis pris :

Un courant est établi entre la dernière roue du compteur ( celle qui porte l'aiguille ) et celle qui la commande ; mais ce courant n'est fermé que quand le doigt, fixé à l'axe de cette dernière, rencontre la dent qui doit échapper; par conséquent, les deux roues doivent être isolées métalliquement l'une de l'autre. Dans le circuit de ce courant dérivé, se trouve interposé un électro-aimant muni d'une armature à charnière, dont l'extrémité oscillante porte un crayon à ressort. Une bande de papier, suffisamment longue, enroulée sur deux cylindres, dont l'un est mû par une horloge, circule entre le crayon de l'armature et le pôle correspondant de l'électro-aimant, de telle sorte, qu'en douze heures, il passe devant la pointe de ce crayon, une longueur de la bande égale à la circonférence du cylindre moteur.

On comprend, d'après cette disposition, que chaque kilomètre étant marqué par une fermeture du courant, l'électro-aimant indicateur s'abaissera et laissera sur la bande de papier des points dont la plus ou moins grande proximité indiquera les différentes variations de vitesse.

Comme les différentes roues du compteur peuvent avoir un cadran séparé, on pourrait faire en sorte que l'un d'eux indiquât, en kilomètres à l'heure, les différentes vitesses de la voiture ; il suffirait pour cela d'adapter à la première roue à rochet du compteur une roue à dents droites, engrenant avec un pignon qui porterait la roue indicatrice. Ce pignon serait caculé de manière qu'un tour, accompli par lui, correspondrait à la plus grande vitesse qu'on serait appelé à apprécier, c'est-à-dire environ quatre-vingts kilomètres à l'heure. Le cadran serait donc divisé en quatre-vingts degrés marqués de dix en dix. Enfin, un ressort à spiral monté sur l'axe de l'aiguille, comme pour les balanciers de montre, pourrait rappeler toujours l'aiguille au numéro zéro du cadran, quand une détente qui la maintiendrait dans une position fixe, se trouverait dégagée. Or, comme cette détente serait combinée de telle manière avec le mécanisme de l'horloge qu'elle se trouverait enlevée en dix secondes, on comprend qu'en ces instants là, la vitesse pourrait être facilement indiquée par l'aiguille.

Pour régler le cadran, il suffirait de connaître simplement le diamètre de la roue du véhicule qui agit sur le compteur. En effet, en supposant que cette roue ait deux mètres cinquante centimètres de circonférence, on saurait que quatre cents tours ou quatre cents fermetures du courant doivent être accomplis dans un kilomètre ; par conséquent, si la roue à rochet du compteur avait cent dents, elle devrait faire quatre tours par kilomètre ou un tour par quart de kilomètre. Or, la plus grande vitesse à constater étant un kilomètre en quarante-cinq secondes, ou un tour de la roue à rochet en onze secondes vingt-cinq centièmes, il suffirait que le pignon de l'aiguille indicatrice présentât à peu près le même rapport de mouvement pour obtenir le champ des indications voulues sur le cadran, car le tour entier du cadran, accompli par l'aiguille en dix secondes, c'est-à-dire pendant l'intervalle des indications chronométriques, correspondrait à la plus grande vitesse qu'on veuille constater. Divisant donc cette circonférence du cadran en quatre-vingts parties égales ou degrés, le premier degré représentera une vitesse quatre-vingts fois moins grande, c'est-à-dire d'un kilomètre à l'heure ; le deuxième degré, une vitesse de deux kilomètres à l'heure, et ainsi de suite.

Il ne s'agira donc que de voir le degré du cadran où s'arrêtera l'aiguille au moment où sa détente sera lâchée, pour connaître la vitesse du train pendant les dix secondes écoulées.

*Loch électrique de M. Th. du Moncel.* — Si on remplace dans le chronographe précédent le système de l'interrupteur du courant par un moulinet à hélice, tel que ceux dont on se sert pour connaître la vitesse des cours d'eau, on comprendra qu'en faisant plonger un pareil instrument à une certaine profondeur dans la mer, et en lui faisant suivre un navire, un mécanisme assez simple pourra transmettre, par deux fils recouverts de gutta-percha, les différents tours accomplis par l'hélice, lesquels tours seront d'autant plus nombreux que la vitesse du navire sera plus grande. Or cette transmission pourra se faire sur l'appareil récepteur de l'instrument précédent qui sera placé dans la chambre du capitaine du navire. Tel est le principe du loch électrique en question. Mais pour que cet appareil puisse fonctionner d'une manière régulière, plusieurs détails de construction sont essentiels, et, en conséquence, il ne sera pas inutile de faire ici la description de celui que j'ai fait construire. J'ignore s'il ressemble à celui de M. Bain ; mais ce qui est certain, c'est qu'il repose sur le principe de mon anémographe électrique construit depuis deux ans.

*Appareil transmetteur.* — Le moulinet de Woltman, pour la mesure de la vitesse des cours d'eau, consiste dans un moulinet semblable à celui que j'ai figuré dans l'appareil transmetteur de l'anémographe à 11 fils; seulement, au lieu de 4 ailes il n'en a que deux, et ces ailes ont leur surface repliée en parties d'hélice comme celles des bateaux à vapeur à hélice. Le mécanisme transmetteur est renfermé dans une boîte de cuivre fixée sur le support de l'axe du moulinet, et ne présente qu'une petite ouverture en forme de rainure à travers laquelle passe le levier de l'interrupteur. Pour que l'eau ne pénètre pas par cette ouverture, la boîte entière est recouverte d'une chemise en gutta-percha, qui se trouve soudée sur le levier de manière à le laisser libre dans ses mouvements. Ce levier est articulé à bascule au fond de la boîte, et se trouve maintenu dans une position fixe par un butoir et un ressort antagoniste. Le bras le plus court de ce levier est muni d'une cheville de platine qui doit rencontrer au fond de la boîte un ressort également en platine fixé au-dessous de lui sur une lame d'ivoire. Cette lame porte une grosse cheville, en ivoire, qui perce la boîte, et c'est par l'intérieur de cette cheville que passe le fil conducteur qui amène le courant au ressort de platine fixé sur elle. Si le cuivre de la boîte est en communication avec le second conducteur du courant, on comprend que chaque fois que le levier à bascule vient appuyer sur la lame de platine qui est au-dessous de lui, le courant se trouve fermé, et , par conséquent, peut réagir par l'intermédiaire des fils couverts de gutta-percha, sur le compteur de l'appareil.

Pour mettre en rapport cet interrupteur avec le moulinet à hélice, j'ai adapté à la première roue, celle qui fait un tour pour 50 de l'hélice, un butoir métallique à portée duquel j'ai placé le levier basculant de l'interrupteur. Il arrive alors que chaque cinquantaine de tours accomplis par le moulinet

est accusée par une fermeture du courant, et par conséquent
par une marque sur le compteur.

La question la plus délicate était de disposer le moulinet
ainsi établi, de manière à ne pas être troublé par les clapots
des vagues. Pour cela, je l'ai fixé avec sa palette de direction
(sa girouette pour ainsi dire) à l'extrémité d'une barre rigide
de fer, d'environ 5 mètres. Cette barre plongée en mer était
soutenue par un flotteur, et ce flotteur était relié à l'arrière
du navire par un cable assez fort. Les fils recouverts de gutta-
percha étaient eux-mêmes liés autour de ce cable et n'attei-
gnaient leur destination qu'après s'être enroulés sur un
manchon de bois fixé sur la barre rigide au-dessus de
l'appareil. A la profondeur de 5 mètres, il est rare que le
mouvement des vagues dans le sens horizontal se fasse considérablement sentir, et le mouvement dans le sens vertical
se trouve compensé de lui-même par les oscillations du
flotteur.

*Appareil récepteur.* — L'appareil récepteur de cet instrument pourrait consister, comme je l'ai déjà dit, dans celui
du chronographe précédent. Mais comme cet appareil est très
compliqué, et qu'il est plus nécessaire en mer de connaître
le nombre de kilomètres parcourus que de suivre les variations de vitesse, je l'ai fait consister simplement dans un
compteur semblable à celui dont j'ai parlé au sujet de
l'enregistrement des vitesses moyennes de chaque vent dans
mon anémographe à compteurs. La seule différence, c'est
que ce sont des aiguilles qui indiquent sur deux cadrans le
nombre des fermetures du courant, ou plutôt les différentes
séries de ces fermetures, dont chacune correspond à un kilomètre. Cette graduation est très facile à établir puisqu'il suffit
pour cela de faire plusieurs expériences pour savoir combien
de tours de moulinet correspondent à une distance connue.

## VI.

## Moniteurs électriques.

Les accidents qui peuvent se présenter sur les chemins de fer, sont de plusieurs genres, mais ceux qui se reproduisent le plus communément, proviennent du retard de certains trains, de l'avance de certains autres, et de la rupture des chaînes qui relient les wagons les uns aux autres. Je ne parle pas du déraillement, car c'est un genre d'accident auquel il est malheureusement difficile d'apporter un remède complètement efficace. Pour les autres, l'électricité a pu encore fournir un secours très précieux, et, au moyen de certains appareils dont nous allons parler, on a pu non-seulement prévenir aux différentes stations et leur demander les secours nécessaires en cas d'accident, mais encore les avertir continuellement des points de la ligne où se trouve chaque convoi. Enfin, on a fait en sorte qu'une partie du train se détachant, le chauffeur de la machine en fût immédiatement averti. Ce sont ces instruments auxquels on a donné le nom de *moniteurs électriques*.

*Moniteur électrique de M. Breguet.* — Cet appareil a été installé pour la première fois, en 1847, sur le chemin de fer de Saint-Germain ; il se compose principalement d'un chronographe à pointage, analogue à celui que nous avons déjà décrit précédemment, mais combiné de manière que les différentes indications puissent être constatées d'une station à l'autre, en admettant dans tout le parcours un minimum de vitesse pour un tour du cadran.

De kilomètre en kilomètre, une dérivation du circuit électrique qui parcourt le fil de la ligne télégraphique aboutit à une plaque à charnière, montée au-dessus des rails, et cette plaque étant abaissée lors du passage du convoi, ferme le circuit avec la terre. Ce circuit réagit alors sur un électro-aimant qui fait imprimer à l'aiguille du chronographe une marque indiquant en quel moment le convoi a passé devant tel ou tel poteau kilométrique. On conçoit, d'ailleurs, qu'un mécanisme fort simple peut faire en sorte que toutes ces marques soient recueillies sur une ligne en spirale, et, par conséquent, pendant un temps plus ou moins long.

En comptant donc le nombre de ces marques et comparant la fraction de l'intervalle en plus aux divisions dans lesquelles le chronographe a été gradué, on peut connaître les différents points de la ligne où se trouve le convoi, à quelques mètres près.

Le chronographe que j'ai indiqué à la fin du chapitre précédent peut, comme on le comprend aisément, être employé dans le même but.

Tel qu'il vient d'être décrit, cet instrument peut parfaitement donner les indications relatives à un seul train; mais il arrive souvent que les trains se succèdent à une distance plus rapprochée que celle qui sépare deux stations consécutives, ou bien qu'ils se croisent. Dans ce dernier cas, comme la voie est différente, il suffit d'un double appareil et d'une double dérivation du courant. Dans le premier, un mécanisme additionnel devient indispensable, et, bien que M. Breguet ne l'ait pas exécuté, il pourrait, ce me semble, consister simplement dans un relais qui, après le passage du premier convoi, vis-à-vis chaque poteau kilométrique, renverrait le courant d'un chronographe dans un autre, ou plutôt d'un premier cadran du chronographe dans un second, puis dans un troisième, suivant la distance des différentes stations. Chaque cadran correspondrait à un train et on pourrait ainsi suivre le mouvement de ces trains dans tout leur parcours.

*Moniteur électrique de M. Herman.*—Ce genre de moniteur électrique, qui est plutôt une application des instruments connus qu'un appareil spécial, avait été imaginé et même essayé par **M.** Breguet, il y a quelques années ; mais, comme **M.** Breguet n'est pas administrateur des chemins de fer, ses expériences sont restées sans application, et dernièrement l'ingénieur en chef du chemin de fer d'Orléans a trouvé plus commode de les faire refaire en son nom. Quoiqu'il en soit, voici le procédé qu'on a adopté au chemin de fer d'Orléans.

Tous les conducteurs d'un train sont mis en communication avec le conducteur-chef et le mécanicien, au moyen d'un courant électrique continu qu'ils peuvent interrompre à volonté et dont l'interruption, qu'elle soit déterminée par eux ou qu'elle provienne de causes accidentelles, met en mouvement une forte sonnerie placée en tête du train.

On conçoit l'importance de cette précaution lorsque la longueur des trains, comme il arrive souvent, est supérieure à quatre cents mètres, lorsque le voyage s'effectue au milieu des ombres épaisses de la nuit, et lorsque le bruit de la locomotive et de ces nombreuses voitures, fendant l'air avec la rapidité de la foudre, accoutume l'ouïe à un tumulte confus qui empêche la perception des sons les plus indicateurs.

Quant aux moyens d'application eux-mêmes, qu'on suppose deux fils métalliques enduits de gutta-percha et fixés parallèlement au-dessus de chaque wagon ; à leur extrémité pendent des chaînettes confondues, ou plutôt en communication métallique avec les chaînes de sûreté, au moyen desquelles chaque wagon se rattache à celui qui le précède et à celui qui le suit. En tête, c'est-à-dire sur la machine locomotive elle-même, est une pile à laquelle viennent se rattacher les deux fils, et derrière le dernier wagon qu'on doit toujours conserver, alors même que l'on diminue ou que l'on augmente le nombre de voitures intermédiaires, ces deux fils se réunissent encore de manière à fermer le circuit déterminé par leur communication avec la pile.

Pendant la marche du convoi, le courant circule et la sonnerie se tait, parce que celle-ci est dans un circuit spécial qui ne peut être fermé que quand un *relais*, interposé dans ce circuit, se trouve dégagé de l'action magnétique produite par le courant passant à travers les wagons. A la moindre rupture de ce courant, au moindre accident, si l'arrière-train est en retard, si une chaîne se rompt, la sonnerie entre en mouvement et le mécanicien est prévenu.

De plus, comme le courant est continu, les conducteurs peuvent, à l'aide d'un interrupteur placé sur chaque wagon, commander l'arrêt du train ou entrer en rapport avec le mécanicien, à l'aide de certains signes conventionnels auditifs qui peuvent être facilement exécutés au moyen de la sonnerie électrique de M. Jules Mirand.

*Télégraphe portatif de M. Breguet.* — Lorsqu'un accident est arrivé, lorsqu'une fuite de vapeur s'est déclarée dans la machine, ou que la force lui manque chemin faisant, la chose la plus pressée à faire est de prévenir aux différentes stations, de leur demander ce dont on a besoin pour réparer l'accident, remettre le train en route et avertir les autres trains. M. Breguet a résolu complétement le problème dans son télégraphe portatif.

Ce télégraphe n'est autre que celui dont nous avons parlé comme étant spécialement affecté au service des chemins de fer; seulement, il est disposé de manière à être contenu avec sa pile de dix-huit éléments de Daniell, dans une boîte de quarante-sept centimètres de long, trente-sept de haut et vingt-sept de large, pesant vingt-trois kilogrammes. Des boutons portant des indications *terre,* — *ligne*, sont destinés à être reliés par des fils conducteurs, avec la terre d'une part, et de l'autre avec le fil de la ligne.

Quand un accident est arrivé, il suffit donc d'établir ces communications pour prévenir à la fois aux deux stations voisines; car le courant, en se bifurquant en son point d'attache avec la ligne, peut agir à la fois sur les appareils de ces deux stations. La question la plus difficile à résoudre était d'établir, d'une matière sûre, la communication avec la terre. Or, l'expérience a démontré à M. Breguet qu'il suffisait pour cela d'enfoncer dans l'intervalle de séparation des divers tronçons de rails qui composent la ligne, un petit coin en fer, auquel est soudé l'un des fils du télégraphe.

*Moniteur électrique pour la vitesse.* — Au moyen d'un appareil fort simple, on pourrait éviter les inconvénients qui résultent quelquefois de l'inégalité de vitesse du train. Il suffirait d'adapter au mécanisme à force centrifuge de M. Breguet, appareil qui n'est autre que celui dont on se sert dans les cours de physique pour démontrer l'aplatissement de la terre vers les pôles, deux index métalliques mobiles sur une régle graduée et en connexion avec un courant passant par une sonnerie. On limiterait la position de ces deux index, suivant la vitesse moyenne dont le train devrait être animé, et leur écart représenterait un maximum et un minimum qui ne pourraient être franchis sans altérer sensiblement la vitesse moyenne qu'on s'est proposée. Les cercles d'acier mis en mouvement de rotation par un engrenage en rapport avec le mouvement de la machine ou de l'un des wagons pousseraient en s'affaissant ou en se détendant, un butoir qui fermerait le courant, soit avec l'index de la vitesse maxima, soit avec l'index de la vitesse minima, suivant l'accélération ou le ralentissement trop considérable de la vitesse du train, et la sonnerie préviendrait le chauffeur.

## VII.

### Appareils électro-musicaux.

La faculté que possède l'électricité de mettre en mouvement

des lames métalliques et de les faire vibrer, a pu être utilisée
à la production de sons distincts, susceptibles d'être combinés
et harmonisés: mais, en outre de cette application toute
physique, l'électro-magnétisme a pu venir en auxiliaire à
certains instruments, tels que pianos, orgues, etc., pour leur
donner la facilité d'être joués à distance. Ainsi, jusque dans
les arts en apparence les moins susceptibles de recevoir de
l'électricité quelqu'application, cet élément si extraordinaire
a pu être d'un secours utile.

*Appareil vibratoire de M. Froment.*— Nous avons déjà
parlé de l'interrupteur de de la Rive. C'est, comme on le sait,
une lame de fer soudée à un ressort d'acier et maintenue dans
une position fixe, vis-à-vis un électro-aimant, par un autre
ressort ou un butoir métallique en connexion avec l'une des
branches du courant. Comme l'autre branche, après avoir
passé dans le fil de l'électro-aimant, aboutit à la lame de fer
elle-même, l'électro-aimant n'est actif qu'au moment où cette
lame touche le butoir ou le ressort d'arrêt, mais, aussitôt
qu'elle l'abandonne, l'aimantation cesse et la lame de fer
revient en son point d'arrêt pour l'abandonner ensuite. Il se
détermine donc une vibration d'autant plus rapide que la
longueur de lame vibrante est plus courte ou que la force
est plus grande par suite du rapprochement de la lame de
l'électro-aimant.

Pour rendre les sons de plus en plus aigus, il ne s'agit
donc que d'employer l'un ou l'autre de ces deux moyens. Le
plus simple est d'avoir une vis que l'on serre ou que l'on
déserre à volonté et qui, par cela même, éloigne plus ou
moins la lame vibrante de l'électro-aimant. Tel est l'appareil
de M. Froment, appareil au moyen duquel il a obtenu des
sons d'une acuité extraordinaire, bien qu'étant fort doux à
l'oreille.

M. Froment n'a pas fait de cet appareil un instrument de

musique, mais on conçoit que rien ne serait plus facile que d'en constituer un; il ne s'agirait pour cela que de faire agir les touches d'un clavier sur des leviers métalliques, dont la longueur des bras serait en rapport avec le rapprochement de la lame, nécessité pour la vibration des différentes notes. Ces différents leviers, en appuyant sur la lame, joueraient le rôle du butoir d'arrêt, mais ce butoir varierait de position suivant la touche.

Si le courant de la pile était constant, un pareil instrument aurait certainement beaucoup d'avantages sur tous les instruments à anches dont on se sert, en ce sens qu'on aurait une vibration aussi prolongée qu'on le voudrait pour chaque note et que les sons seraient beaucoup plus veloutés; malheureusement l'inégalité d'action de la pile en rend l'usage bien difficile. Aussi, ne s'est-on guère servi de ce genre d'appareils que comme régulateur auditif pour l'intensité des piles, régulateurs infiniment plus commodes que les rhéomètres, puisqu'ils peuvent faire apprécier les différentes variations d'une pile pendant une expérience, sans qu'on soit obligé d'en détourner son attention.

*Pianos et orgues électro-magnétiques* — Si l'électromagnétisme est employé comme intermédiaire entre le clavier et la partie de l'appareil qui doit produire les sons, on comprend que le problème du jeu de ces instruments à distance devient facile à résoudre; il suffit, pour cela, de faire agir sur les marteaux du piano ou sur les soupapes des tuyaux de l'orgue, des électro-aimants susceptibles de reproduire la pression exercée par le doigt. Le clavier transmetteur n'agit alors que comme interrupteur du courant. Il va sans dire qu'il faut autant de fils que de notes, mais comme tous ces fils peuvent être réunis et ne former qu'un câble, ils sont peu embarrassants. M. Froment a construit plusieurs instruments de cette nature, et même un piano à timbres, dans lequel les sons sont produits par des coups secs, frappés sur des timbres de différents diapasons.

On conçoit, d'ailleurs, qu'avec ce système, plusieurs instruments peuvent être joués à la fois par le même artiste; il ne s'agit pour cela, que d'établir autant de dérivations du courant qu'il y a d'instruments à faire mouvoir.

*Pianos électriques à enregistrement des improvisations.* — On a construit, il y a quelques années, des pianos au moyen desquels un improvisateur pouvait enregistrer un morceau en même temps qu'il le jouait; mais le mécanisme en était assez compliqué et susceptible de dérangement. En ayant recours à l'électro-magnétisme, on peut résoudre le problème d'une manière beaucoup plus simple et sans rien changer au mécanisme des pianos ordinaires, car l'appareil enregistreur peut être tout-à-fait indépendant et placé en tel endroit qu'il convient.

Qu'on imagine, fixé sur une table et mû par un mouvement d'horlogerie, un cylindre d'environ vingt centimètres de diamètre, analogue à celui de l'anémographe électrique dont nous avons parlé. A portée de ce cylindre, et suivant une ligne droite parallèle à son axe, seront rangées des aiguilles d'acier ou de fer en nombre égal à celui des notes du clavier, mais dont la pointe appuiera sur une bande de papier, recouverte de cyanure de potassium, qui pourra s'enrouler sur le cylindre en même temps qu'elle se déroulera de dessus un autre cylindre où elle sera en quelque sorte en provision. On comprendra que si le mouvement de l'horlogerie est assez prompt et réglé d'après un métronome, le déroulement de la feuille sera progressif et uniforme; par conséquent, deux ou plusieurs des aiguilles venant à recevoir successivement l'impression du courant pendant des intervalles de temps égaux, leurs traces bleues seront également longues et également espacées. Au contraire, si les temps sont inégaux, le rapport de leur longueur et des intervalles qui les séparent, pourra servir à en faire apprécier la valeur.

Cela posé, admettons que les leviers des touches du piano soient garnis de petites lames de cuivre en rapport avec l'une des branches d'un circuit voltaïque, et puissent rencontrer des ressorts également métalliques en rapport avec l'autre branche du courant; il sera facile de concevoir qu'en faisant entrer les aiguilles de fer ou d'acier de l'appareil enregistreur dans les différents circuits de ces lames, on déterminera, pour chaque touche que l'on abaissera, une fermeture de courant qui aura pour effet une réaction chimique opérée par l'une ou l'autre des aiguilles, et même par plusieurs à la fois si plusieurs notes sont touchées en même temps. Par conséquent, si la bande de papier est rayée d'avance en traits différents, suivant les octaves, il devient facile de voir par la place occupée par chaque trace sur ses différentes lignes, quelles sont les différentes notes qui ont été touchées dans l'unité de temps, d'en connaître la valeur par la longueur de la trace, enfin, d'apprécier les temps de repos ou de silence par la longueur des intervalles. Il ne s'agit plus alors que de traduire le morceau ainsi noté en langage musical ordinaire.

*Pianos ou orgues mis en jeu par une petite boîte à musique.* — Puisqu'il ne s'agit, dans les pianos et orgues électro-magnétiques, que de fermer l'un ou l'autre des différents circuits correspondant à telles ou telles notes pour faire agir leurs marteaux ou leurs soupapes, on conçoit aisément que le même effet peut être exécuté par une machine sur laquelle les airs ou les morceaux auront été notés d'avance, comme dans les serinettes, les orgues de barbarie, les boîtes ou horloges à musique. Il faut simplement que le cylindre à chevilles qui rencontre les ressorts vibrants soit métallique et en rapport avec l'une des branches du courant, et que les lames vibrantes soient isolées les unes des autres et toutes en rapport avec les électro-aimants des pianos ou orgues électro-magnétiques par des fils métalliques spéciaux. Alors, un simple mouvement d'horlogerie, une petite boîte pas plus grande qu'une tabatière, peut mettre en jeu des orgues de la plus grande dimension, des pianos distribués en différentes places; et cela, à quelque distance qu'on le désire, et sans qu'au premier abord personne ne puisse se douter quel est le musicien mystérieux et invisible qui met en marche des instruments si puissants.

# VIII.

## Électro-moteurs.

La question des électro-moteurs occupe en ce moment bien des têtes, et à l'ardeur que l'on déploie pour résoudre le problème, on dirait qu'il ne s'agit rien moins que de la découverte de la pierre philosophale en mécanique. Sans doute, la création d'un moteur inexplosible qui n'aurait besoin de personne pour avoir sa marche entretenue, que l'on pourrait placer en tel endroit qu'il conviendrait, sans nécessiter un emplacement particulier, que l'on pourrait faire fonctionner avec plus ou moins de force, suivant les divers travaux auxquels on voudrait le soumettre, enfin, dont le matériel serait peu encombrant, sans doute, dis-je, la découverte d'un pareil moteur serait très importante, surtout pour les petites industries. Mais il ne faut pas se faire trop d'illusions à cet égard; ce n'est pas dans les perfectionnements et les combinaisons mécaniques qu'il faut chercher la solution du problème, c'est bien plutôt dans l'affranchissement des inconvénients qui sont inhérents à la force électro-motrice elle-même. Or, ces inconvénients sont tellement complexes, et les effets qui en sont les conséquences sont tellement contradictoires, qu'on peut presque dire que les moteurs qui réussissent le mieux en petit sont précisément ceux qui donnent les plus mauvais résultats en grand, quand, toutefois, ils en donnent, ce qui n'arrive pas toujours. Une foule de personnes, tant en France qu'en Allemagne, en Angleterre et en Amérique, et, en particulier, MM. Froment et Jacobi, ont dépensé beaucoup d'argent pour la construction de ces moteurs; moi-même j'ai fait de nombreuses expériences en grand, et nous sommes tous arrivés à la même conclusion. C'est que la force électro-motrice n'est susceptible d'application que dans des limites très restreintes qui ne doivent pas dépasser celles de l'horlogerie. Quoiqu'il en soit, voyons comment on a pu combiner les effets physiques de l'électricité de manière à les faire réagir sur un moteur.

Tous les effets du fluide électrique, susceptibles d'imprimer à un corps une direction ou de développer une force attractive ou répulsive, peuvent être combinés mécaniquement, de manière à former un moteur électrique. Ainsi, les effets des courants électriques les uns sur les autres, l'action des courants sur les aimants, et réciproquement l'action des aimants sur les courants, l'action des aimants temporaires sur les corps magnétiques non-aimantés peuvent, si l'on augmente suffisamment la force électrique et la grosseur des pièces qui en subissent l'action, donner lieu à des moteurs électro-dynamiques. On conçoit, en effet, que possédant, par l'intermédiaire de l'électricité, une force susceptible d'être détruite dans un instant donné, puisqu'il ne s'agit pour cela que d'interrompre le courant, il suffit d'un mécanisme bien simple pour traduire l'impulsion à laquelle elle donne lieu en mouvement circulaire continu.

Si la force électro-motrice, comme la vapeur, était susceptible de croître avec les éléments qui la font naître, si

l'action dynamique pouvait s'exercer à une certaine distance
avec la même intensité, si, enfin, le fluide électrique ne
réagissait pas par induction, de manière à exercer un effet
contraire à celui qu'il est appelé à produire, le problème des
électro-moteurs serait depuis longtemps résolu, car jamais combinaisons mécaniques plus ingénieuses n'ont été imaginées;
mais il est loin d'en être ainsi, et, en outre de ces obstacles,
sont venus s'en ajouter d'autres qui tiennent à la nature
même des corps : d'abord le défaut de *rigidité* qui est la
conséquence naturelle de leur élasticité; en second lieu
l'oxydation de l'interrupteur par l'étincelle électrique qui
détériore ce mécanisme et empêche la parfaite continuité des
communications métalliques; enfin, la stabilité de l'*effet à
distance* pour un puissant aimant comme pour un très faible.
Tous ces obstacles qui s'opposent à la marche des électro-
moteurs de grande dimension, n'existent pas pour les petits,
car les éléments dynamiques restent à peu près les mêmes;
ce qui peut être une grande course pour un petit moteur en
est une très faible pour un grand; ce défaut de rigidité qui
détruit le bénéfice des effets à petite distance ne se fait pas
sentir pour de faibles forces et de petits bras de levier; enfin,
l'étincelle d'un faible courant ne détruit aucunement les
communications métalliques. C'est pourquoi les électro-
moteurs de petit modèle ont toujours réussi, et que les
grands ont toujours été pour les inventeurs un sujet de
déception.

*Electro-moteurs fondés sur les réactions réciproques des
courants tant magnétiques qu'électriques.*

La roue de Barlow, l'appareil de Faraday pour la rotation
des aimants sous l'influence de courants dirigés dans un sens
convenable; le tourniquet magnétique de M. Th. du Moncel.

fondé sur les réactions des courants verticaux sur l'aiguille
aimantée; l'appareil à piles sèches de Zamboni et une foule
d'autres instruments de ce genre sont, dans l'acception véritable du mot, autant d'électro-moteurs. Cependant, comme
ils ne sont pas capables de produire une force appréciable,
et que les combinaisons mécaniques n'entrent en rien dans
leur construction, nous les distinguerons essentiellement des
électro-moteurs dont nous allons parler.

*Electro-moteurs à hélices oscillantes de M. Th. du Moncel.*
— Ce petit appareil, construit avec une grande perfection par
M. Mirand, a fonctionné l'année dernière sur le bureau de
l'Académie des sciences. Il est fondé sur l'attraction exercée
par les solénoïdes sur le fer doux.

Qu'on se figure deux bobines recouvertes de gros fil et
reliées entre elles de manière à constituer un seul et même
cylindre, dans lequel puisse circuler un cylindre de fer; on
comprendra que le courant se trouvant distribué à propos et
alternativement dans l'une et l'autre de ces bobines, le
cylindre mobile de fer se trouvera tour à tour attiré et entrera
dans un mouvement oscillatoire que l'on pourra rendre assez
étendu par l'alongement des bobines. Ce cylindre formera
donc comme le piston d'une machine à vapeur dont il suffira
d'articuler la tige à une manivelle pour transformer son
mouvement de va-et-vient en mouvement circulaire continu.

Pour mettre en rapport le système moteur avec cette transformation de mouvement, la mécanique fournit plusieurs
moyens : celui que j'ai préféré est la suspension équilibrée
du système sur deux pointes. Alors les bobines peuvent
osciller et suivre la manivelle dans ses écarts en dehors de
leur axe, ce qui donne à l'instrument l'apparence d'une
machine à vapeur à cylindre oscillant.

L'axe de la manivelle porte un volant destiné à entretenir
le mouvement, et un mécanisme appelé *commutateur*,

composé de deux excentriques isolées métalliquement l'une

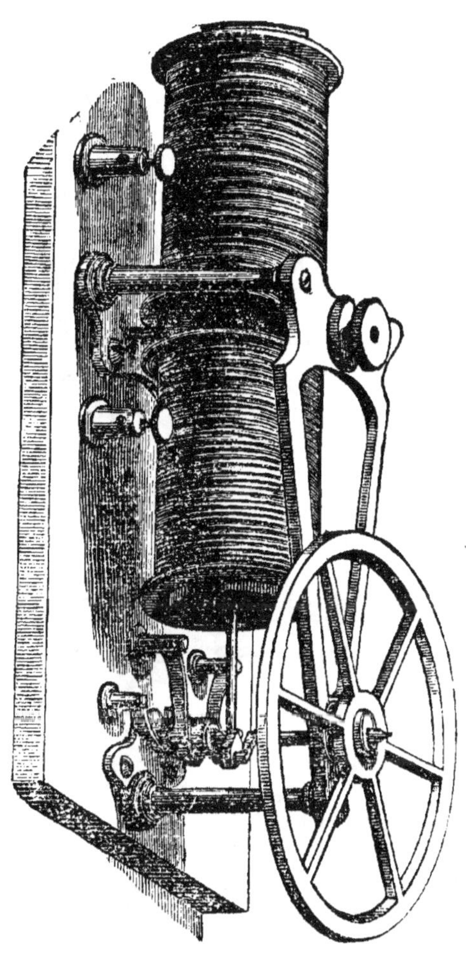

de l'autre, pour le renvoi alternatif du courant dans les bobines. A cet effet, ces excentriques, mises en rapport avec l'un des pôles de la pile par l'intermédiaire des fils des bobines, sont placées en sens inverse l'une de l'autre; mais

un frotteur d'argent assez large pour s'appliquer sur les deux
à la fois, en les supposant tournées du même côté, est en
rapport direct avec l'autre pôle de la pile. Or, si ce mécanisme
est tellement disposé que ce frotteur commence à toucher
l'excentrique en rapport avec le fil de la bobine inférieure,
quand la manivelle est au point le plus élevé de sa course,
il arrive que le courant réagit sur le cylindre piston et l'attire
jusqu'à ce que la manivelle ait accompli une demi révolution;
mais en ce moment le frotteur touche l'autre excentrique qui
reporte le courant dans la bobine supérieure, et le piston re-
monte pour redescendre après et ainsi de suite.

Pour favoriser cette réaction mécanique des courants sur
le fer, j'ai adapté aux deux extrémités de l'ensemble des deux
bobines, deux rondelles de fer doux qui réagissent magnéti-
quement sur le fer piston, devenu aimant sous l'influence
du courant; l'action est alors beaucoup plus vive, car les deux
effets sont concurrents.

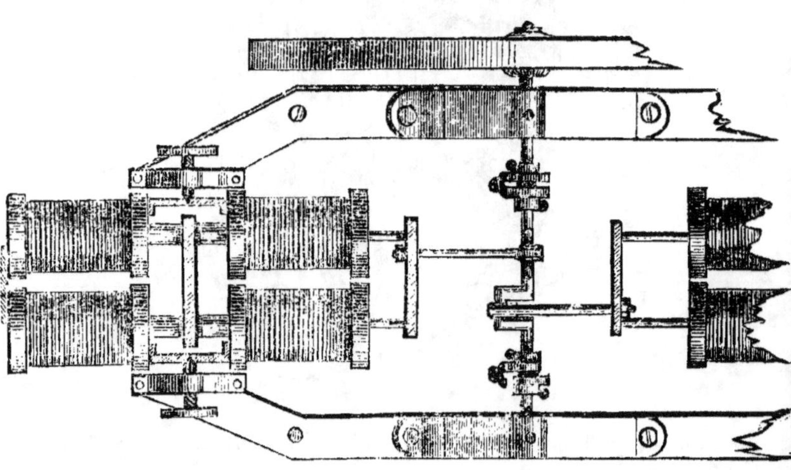

Dans un autre système à double effet et à quatre pistons,

j'ai encore tiré un meilleur parti de ces dernières réactions magnétiques, en coupant en deux les pistons et en réunissant les bouts deux à deux, par une rondelle épaisse de cuivre, alors, chaque bobine, au lieu de n'avoir qu'une rondelle de fer doux, en a deux. Il en résulte que les cylindres pistons non-seulement ne sont plus gênés dans leur mouvement par leur réaction magnétique, lorsqu'ils vont d'une bobine à l'autre, mais qu'ils peuvent encore réagir par leurs deux pôles à la fois sur les rondelles de la bobine vers laquelle ils marchent.

*Électro-moteur à une seule bobine.* — Ce moteur, d'ailleurs d'une très faible puissance, est fondé sur l'attraction de deux courants électriques marchant dans le même sens, et leur répulsion quand ils marchent en sens contraire. Qu'on suppose, dans le moteur décrit précédemment, les deux bobines réunies en une seule, et le cylindre de fer remplacé par un tube de cuivre dans lequel aura été introduite une hélice métallique suffisamment isolée, et l'on aura une idée assez exacte de ce genre de moteur, car le même commutateur peut être employé, sauf qu'au lieu d'un ressort appuyé sur les deux excentriques, il y en a 4 qui rencontrent chacune d'elles à chaque demi révolution. Alors, les extrémités de l'hélice intérieure aboutissent aux boutons en rapport avec ces quatre ressorts frotteurs, et l'hélice extérieure communique directement, ainsi que les deux excentriques, aux pôles de la pile. Ce mécanisme constitue un commutateur à renversement de pôles.


*Moteurs fondés sur les réactions réciproques des aimants temporaires et des aimants persistants.*


L'idée d'économiser la force électrique par les réactions des aimants temporaires sur les aimants persistants, dont le courant magnétique est sans cesse en activité, n'est pas nouvelle, bien que plusieurs personnes croient trouver dans cette combinaison une mine inexploitée. L'électro-moteur de Richtie qui paraît être le premier appareil créé dans le but de fournir un mouvement de rotation, sous l'influence électro-magnétique, est précisément fondé sur ce principe.

Dans cet instrument, l'aimant persistant est dissimulé; il se trouve fixé dans le socle ou la planchette qui soutient le mécanisme. Au-dessus des pôles de cet aimant est placé un électro-aimant qui, en raison de sa monture sur un pivot, peut tourner sur lui-même. Un commutateur à renversement de pôles est fixé sur la broche qui sert de pivot, et se trouve tellement disposé que, quand les pôles de l'électro-aimant viennent en s'approchant des pôles de l'aimant persistant, ils se trouvent de nom contraire à ceux-ci, et que, quand ils doivent s'en éloigner, ils sont de même nom. Dans le premier cas, il y aura donc une attraction échangée entre les deux aimants ; puis une répulsion succèdera, et comme l'une fait suite à l'autre dans le même sens, il en résultera un mouvement de rotation continu.

On conçoit qu'en remplaçant l'aimant persistant par un électro-aimant, on devra obtenir une action plus forte.

*Électro-moteur de M. Weare.* — Nous avons déjà décrit les horloges électriques de M. Weare. Celle dont le pendule oscille entre les pôles d'un aimant fixe, est précisément le principe de l'électro-moteur en question. Nous supposerons, seulement, qu'au lieu d'un aimant il y en ait deux, et qu'entre ces deux aimants oscille à l'extrémité d'une tige verticale un double système d'*électro-aimants droits.*

Avec cette disposition, il est facile de comprendre qu'une bielle, articulée à la tige oscillante et à la manivelle d'un volant, pourra transformer en mouvement circulaire continu le mouvement oscillatoire de cette espèce de balancier. De plus, l'axe du volant pourra porter lui-même le commutateur qui doit changer alternativement les pôles des aimants temporaires, pour que ceux-ci étant de nom contraire, puis de même nom que les pôles des aimants fixes vers lesquels ils se dirigent, il y ait une répulsion faisant suite à une attraction.

On a fait, depuis, beaucoup d'autres systèmes analogues, mais ils péchent tous par leur base : d'abord par la faiblesse de l'action magnétique des aimants persistants et, en second lieu, parce que les pôles des aimants temporaires droits, en devenant de même nom que ceux des aimants fixes lorsqu'ils sont rapprochés, réagissent statiquement sur eux et les désaimantent. Ce serait donc une erreur de chercher la solution du problème des électro-moteurs dans cette disposition électro-magnétique.

### Moteurs fondés sur l'attraction du fer par les électro-aimants.

Cette catégorie de moteurs est celle qui a fourni le plus de modèles, et les appareils les plus ingénieux. M. Froment, surtout, s'est particulièrement distingué dans leur construction. On peut diviser ce genre de moteurs en trois classes : 1° les moteurs à mouvement alternatif; 2° les moteurs à mouvement de rotation directe; 3° les moteurs à mouvements combinés.

#### PREMIÈRE CLASSE.

*Moteur de M. Froment, à simple effet.*—Une armature de fer étant placée à portée d'un électro-aimant se trouve attirée aussitôt que le courant passe dans cet aimant; mais, si l'on fait en sorte que cette armature, en s'abaissant, réagisse sur la manivelle d'un volant, et que l'axe de ce volant porte un commutateur qui interrompe le courant au moment où elle sera abaissée, il en résultera que le volant, en raison de sa vitesse acquise, relèvera l'armature, et celle-ci pourra se retrouver bientôt en position d'être de nouveau attirée. Mais, comme l'attraction des armatures ne peut avoir d'effet profitable qu'à une petite distance, et comme, d'un autre côté, la transformation du mouvement exige une bielle suffisamment développée, force est donc d'amplifier l'écart des pièces qui subissent l'attraction par des systèmes de leviers que l'on peut combiner de mille façons différentes (1). Dans l'appareil de M. Froment, la partie libre de l'armature est articulée à une tige verticale. Cette tige appuie sur un petit levier soudé sur un axe horizontal qui porte lui-même un autre levier cinq fois plus grand. C'est à ce levier, retourné en dedans de l'appareil, que se trouve articulée la bielle du volant dont l'axe passe au-dessus de la ligne équatoriale de l'électro-aimant.

En disposant au-dessus de l'armature de cet appareil un autre électro-aimant, on pourrait obtenir un moteur alternatif à double effet qui aurait plus d'énergie.

Il va sans dire que plusieurs systèmes d'électro-aimant

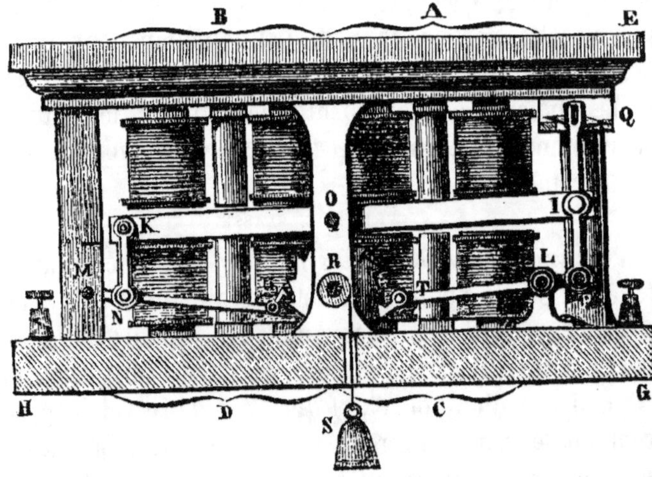



(1) Cette amplification de l'écart par les leviers, diminue à

peuvent être ajoutés les uns à côté des autres, et même combinés, non-seulement de manière à faire un moteur à double effet, comme le précédent, mais, même, un moteur à quadruple effet. Dans ce cas, l'armature constitue un véritable balancier, et la roue à rochet peut être employée, si l'on veut, pour la transformation du mouvement.

*Moteur à double effet et à deux manivelles.* — Cet instrument, par sa disposition, a un peu d'analogie avec les machines des bateaux à vapeur. Comme dans ceux-ci, en effet, les deux manivelles de l'axe du volant sont à mouvement contrarié, et les électro-aimants qui agissent directement sur elles, par l'intermédiaire d'une longue tige articulée à leur armature, sont placés parallèlement entre eux et fonctionnent alternativement. Le commutateur est pris sur l'axe du volant.

DEUXIÈME CLASSE.

*Moteurs à mouvement direct.* — M. Froment a construit une foule de modèles de ce genre de moteurs ; d'autres l'ont imité plus ou moins ; mais, quelle que soit la disposition mécanique qu'on leur donne, ils se composent toujours d'une roue armée de palettes de fer plus ou moins larges, plus ou moins espacées, à portée desquelles se trouvent des électro-aimants simples ou à pôles multiples. Ces électro-aimants, en nombre plus ou moins grand, se trouvent disposés tangentiellement à la roue, et reçoivent le courant, soit successivement, et chacun en particulier, soit plusieurs à la fois et par séries. La position des palettes sur la roue et leur écart des électro-aimants sont intimement liés à cette distribution. Mais, dans tous les cas, il faut que les palettes qui doivent être attirées ne soient guère plus distantes d'un centimètre des électro-aimants qui

vérité la force, mais cette diminution est bien plus que compensée par la réduction de l'écart doivent agir sur elles, et que le courant soit interrompu au moment où ces palettes passent devant ces électro-aimants. Le commutateur est placé sur l'axe de la roue, il peut être plus ou moins compliqué. En général, il consiste dans des roues dentées, en correspondance avec chaque série d'électro-aimants qui doivent agir en même temps, et le nombre de dents de ces roues est précisément le même que celui des plaques; il faut seulement que chacune de ces dents soit, à l'égard de l'intervalle qui les sépare, dans le rapport de la distance d'attraction des palettes de fer à l'espace dont elles sont écartées l'une de l'autre, car les ressorts frotteurs, qui appuient sur ces roues n'établissent le courant que quand ils touchent la dent. On comprend, d'après cela, que les dents des différentes roues commutateurs ou les ressorts frotteurs ne doivent pas se correspondre et que, pour que les attractions des différents systèmes attractifs puissent se succéder, il faut qu'elles soient disposés de manière à ce que quand l'un des frotteurs abandonne une dent, le suivant en reprenne une sur la roue qui lui correspond. Par la même raison, les intervalles des électro-aimants doivent être calculés de manière à ce que quand une des palettes de la roue motrice passe devant le système attractif qui vient d'agir, le système suivant soit à portée d'attraction de la palette qui se présente en ce moment.

Dans un grand électro-moteur de ce genre que j'ai fait construire, j'ai rendu la course attractive des palettes beaucoup plus considérable qu'on ne le fait ordinairement, par une disposition particulière dont voici le principe. Si vous présentez à un électro-aimant fixe une armature plate de manière que l'attraction se fasse dans le sens de la ligne équatoriale de l'aimant, et si cette armature est tellement disposée qu'elle ne puisse céder à l'attraction normale, il arrivera que celle-ci sera entraînée avec force jusqu'à ce que sa ligne moyenne coïncide avec la ligne axiale des pôles de l'aimant. Si donc, les pôles d'un électro-aimant et son armature ont un diamètre considérable, cette dernière étant libre de se mouvoir dans le sens équatorial, pourra acquérir, par ce moyen, une course attractive très étendue.

En conséquence de ce principe, au lieu d'enrouler le fil de mes électro-aimants sur une bobine, je l'ai enroulé directement sur le fer, en ayant soin de souder à l'extrémité de chaque branche un rebord épais, également en fer. Or, ce rebord, tout en augmentant la surface de ses pôles, pouvait donner à l'aimant une action attractive, latérale et directe. De plus, comme cette action pouvait s'exercer sur la partie de l'armature posée de champ, elle devenait plus efficace. Avec cette disposition, j'ai obtenu quatorze centimètres de sphère d'attraction pour chaque électro-aimant de mon moteur. Par conséquent, au lieu d'interrompre le courant au moment où l'armature doit passer devant les pôles de l'aimant, je ne fais cette interruption qu'au moment où elle se trouve symétriquement placée par rapport à leurs bords. Le seul inconvénient de ce système est la flexion des supports des électro-aimants sous l'effet de l'attraction normale, ce qui nécessite un écart plus considérable entre les palettes et les électro-aimants.

Pour atténuer les inconvénients résultant de l'étincelle électrique et de la formation des courants d'induction, j'ai disposé mon commutateur de manière qu'un peu avant le renvoi et la suspension du courant dans les électro-aimants, il y ait une bifurcation du circuit ; alors les interruptions du courant ne se faisant plus que sur des courants dérivés, l'étincelle se trouvait diminuée des trois quarts de son intensité. M. Froment, du reste, est parvenu à la supprimer presque entièrement, mais il n'a pas fait connaître son procédé. Quoi qu'il en soit, l'application au commutateur des appareils dont nous venons de parler, du condensateur que M. Fizeau a adapté à la machine de Rumkorff, doit détruire complétement le courant et l'étincelle d'induction, ce qui serait déjà un grand avantage.

Les plus grands moteurs électro-magnétiques de M. Froment ont été construits dans le système de la rotation directe; il en a fait usage pour mettre en mouvement les petits tours de ses ateliers et ses machines à diviser. (1) Un de ceux qu'il a construits pour la Sorbonne, a été approprié, sur la demande de M. Pouillet, aux expériences d'acoustique. Mais, pour ces différents usages, la régularité parfaite du mouvement était une condition indispensable; et, comme la pile, en s'usant, était loin de la fournir, il a fallu ajouter à ces instruments des régulateurs de vitesse analogues à ceux des machines à vapeur. Ceux que M. Froment a adoptés, sont fondés sur les effets de la force centrifuge; ils se composent de deux branches de compas à articulation libre, terminées par deux boules de plomb. Ces branches sont liées en même temps par des tiges articulées à un collier mobile le long de l'axe vertical sur lequel elles sont montées. Le système entier étant mis en rapport avec le moteur, participe à son mouvement, et les boules de plomb, en tournant, se trouvent écartées de la verticale. Si le mouvement augmente, cet écartement devient plus considérable, si, au contraire, il se ralentit, les boules se rapprochent. Or, comme ces divers degrés d'écartement se traduisent par l'ascension ou la descente du collier auquel elles sont liées, on conçoit qu'un charbon de pile

(1) Ces machines sont tellement parfaites, que M. Froment a pu diviser un millimètre en mille parties égales, et écrire son nom et son adresse dans un espace encore plus limité. Ces divisions sont d'un usage fréquent pour les recherches microscopiques et astronomiques, elles se font en général sur verre.

de Bunzen, fixé à ce collier à distance convenable, peut plus ou moins plonger dans le vase poreux d'une pile supplémentaire. Si le charbon plonge entièrement, ce qui suppose au moteur un mouvement assez lent, la pile supplémentaire est dans toute sa force, et elle augmente l'intensité du courant qui agit sur le moteur; alors celui-ci a sa vitesse accélérée. Si, au contraire, il ne plonge que fort peu, la pile supplémentaire n'agit pas et l'intensité du mouvement du moteur diminue.

On a souvent pensé et on a même essayé de faire marcher des barques et des petites voitures par l'intermédiaire des électro-moteurs. M. Jacobi, en Russie, avait même établi ses expériences sur la plus grande échelle. Aucun de ces essais n'a réussi, mais quand bien même on arriverait à trouver dans l'électro-magnétisme une force économique, elle ne pourrait être employée dans ce but, à cause du poids énorme qu'il faut donner aux machines pour développer une grande quantité de magnétisme; le grand moteur que j'ai fait construire et dont j'ai parlé précédemment, pesait plus de cinq cents kilog., et à peine produisait-il la force d'un homme.

L'application la plus utile que j'aie jusqu'à présent faite des électro-moteurs, est leur emploi pour les travaux de la passementerie. Avec un petit modèle mis en mouvement par deux éléments de Bunzen, j'ai pu recouvrir de soie ou de coton quatre-vingt-dix mètres de fil de cuivre dans une heure. C'est déjà, comme on le voit, un résultat avantageux, surtout pour les expériences de physique où l'on a besoin à chaque instant de ces sortes de fils.

### TROISIÈME CLASSE.

*Moteurs à mouvements combinés.* —Plusieurs constructeurs, et, entr'autres, MM. Froment, Page, Bourbouze, etc., ont essayé d'amplifier la force électro-motrice en combinant entre elles les différentes actions dynamiques et statiques auxquelles elle donne lieu. C'est ainsi que M. Bourbouze, ou plutôt MM. Breton frères (car ils ont la priorité sur M. Bourbouze) a réuni l'attraction des hélices à l'attraction des électro-aimants, en faisant entrer dans deux longues bobines enroulées de fil métallique deux doubles fers d'électro-aimants dont l'un étant mobile *sert de piston et agit sur un balancier pour la transformation du mouvement.* C'est encore ainsi que M. Froment, voulant utiliser la force perdue par la résistance des électro-aimants fixes de ses appareils à mouvement de rotation directe, les a disposés eux-mêmes sur un tambour mobile, pour tourner en même temps que le tambour portant les armatures. Alors les mouvements se trouvaient combinés ensemble, par l'intermédiaire d'un engrenage. Cette disposition lui a permis d'agir sur 3 et même 4 systèmes de tambours à armatures, avec un seul système d'électro-aimants mobiles. Mais, de tous ces systèmes à mouvements combinés, le plus ingénieux est celui dans lequel M. Froment a combiné le système d'attraction normale à petite distance avec le système de mouvement de rotation directe.

Pour s'en faire une idée, qu'on imagine, l'une dans l'autre, deux circonférences ou cerceaux concentriques de cuivre, formant un système fixe, et portant, dans leur intervalle de séparation, une série d'électro-aimants disposés suivant le rayon des cercles. Ces électro-aimants dont les pôles se font jour au travers de la plus petite des deux circonférences, se trouvent échelonnés deux à deux, transversalement, au dedans du système. A l'intérieur de cette espèce de couronne d'électro-aimants, sera disposée la roue mobile qui portera les armatures de fer doux en nombre égal à celui des électro-aimants. Cette roue est destinée à tourner à l'intérieur de la circonférence interne, et se trouve liée à l'arbre moteur

par une manivelle dont la partie excentrique passe par son
centre. Le commutateur est sur l'arbre moteur et renvoie
successivement le courant d'un électro-aimant au suivant. Or,
voici ce qui arrive quand l'appareil fonctionne: l'armature
de la roue mobile qui a subi l'effet de l'électro-aimant possédant le courant, a rapproché cette roue de la partie correspondante de la circonférence intérieure de telle sorte que l'armature en prise occupe le point de tangence. Mais en ce moment
le courant est rompu et l'électro-aimant suivant, en attirant
l'armature correspondante placée alors presque normalement
au-dessus de lui, fait tourner la roue de l'arc de cercle
compris entre deux électro-aimants consécutifs; le point
de tangence se trouve donc déplacé. Mais, comme le courant
se trouve alors réagir plus loin, un nouvel arc de cercle est
décrit et ainsi de suite. On voit donc que la roue mobile, en
tournant ainsi autour de la couronne d'électro-aimants, entraîne la manivelle et communique à l'arbre moteur un mouvement circulaire qui s'opère sans transformation, bien que
les attractions soient toutes normales entre les électro-aimants
et leurs armatures.

L'inconvénient de ce genre de moteur, qui a d'ailleurs une
grande force, est d'ébranler toute la monture des différentes
pièces qui le composent, ce qui est une cause de détérioration
rapide.

M. Froment avait cru surmonter cet inconvénient en établissant son moteur sur le principe précisément inverse,
c'est-à-dire en rendant fixe la roue intérieure, en la garnissant
d'électro-aimants et en rendant mobile la circonférence
externe qui se trouvait alors munie des armatures; mais un
inconvénient bien plus grave s'est manifesté ; il n'en
résultait rien moins que la *déformation* de la circonférence
portant les armatures. Celle- ci, en effet, s'infléchissait sous
l'action des électro-aimants et l'on perdait ainsi tout le bénéfice de l'attraction normale.

*Moteurs fondés sur les réactions réciproques des électro-aimants.*

Les électro-aimants, pouvant réagir entr'eux comme aimants et comme armatures ou, pour parler plus scientifiquement, pouvant agir dynamiquement et statiquement, on a pensé souvent à remplacer dans les moteurs précédents les armatures par des électro-aimants. Un certain mécanicien avait même construit, dans ce système, un électro-moteur de grande dimension qui se trouvait armé de 288 électro-aimants. Mais, dans ce cas, plus encore que pour les autres systèmes d'électro-moteurs, ce qui pouvait réussir en petit avec deux ou trois systèmes *seulement* d'électro-aimants, ne pouvait réussir en grand, car aux inconvénients que j'ai signalés dès le commencement de ce chapitre, se joignaient ceux des courants d'induction produits par les réactions d'aimants très énergiques sur le fil des électro-aimants opposés; il en résultait que le courant voltaïque se trouvait complètement paralysé et que le moteur ne pouvait pas même accomplir un tour sur lui-même.

*Électro-transmetteurs de mouvement.*

Si l'application des électro-moteurs à l'industrie est une question douteuse, il n'en est pas de même de l'application de l'électro-magnétisme aux machines motrices existantes comme moyen auxiliaire, par exemple, pour la transmission du mouvement dans les cas où les engrenages ne peuvent être employés. Dans les grandes machines, en effet, des électro-aimants circulaires pourraient suppléer avec avantage les poulies à courroie, les tambours, cylindres frottants, laminoirs, etc.; mais l'application la plus importante est celle qu'on pourrait en faire et qu'on fera prochainement, sans nul doute, aux chemins de fer, pour augmenter l'adhérence des roues motrices des locomotives aux rails. Il deviendrait alors beaucoup plus facile de gravir les pentes, et les travaux d'art des chemins de fer deviendraient beaucoup moins coûteux.

Disons, toutefois, que les expériences de M. Nicklès sur le chemin de fer de Lyon ont médiocrement réussi, mais à l'époque où elles ont été faites, l'aimantation des roues de la locomotive n'avait été opérée que très imparfaitement. Depuis, M. Nicklès a trouvé dans ses électro-aimants circulaires un effet magnétique beaucoup plus énergique, puisque la roue aimantée peut agir alors par ses deux pôles à la fois sur l'armature représentée par les rails.

Disons maintenant en quoi consistent les électro-aimants circulaires et comment ils sont susceptibles d'agir par leurs deux pôles à la fois :

Si nous supposons en *fer doux* les bobines de cuivre que l'on place ordinairement sur les branches des électro-aimants, elles constitueront à elles-seules des aimants droits quand le courant électrique passera dans le fil qui les entoure ; par conséquent un des rebords de ces bobines possèdera un pôle nord, tandis que l'autre aura un pôle sud.

Admettons maintenant que ces bobines soient très courtes, que leurs rebords soient très développés et que chacun de ces rebords soit soudé à un anneau de fer faisant retour sur le fil en l'enveloppant, il arrivera que ces deux espèces de manchons qui pourront être distants à peine de un ou de deux millimètres l'un de l'autre, posséderont chacun un pôle différent. En passant donc au travers du trou de ces bobines, un axe quelconque, on se trouve avoir des électro-aimant-roues qui agissent toujours par leurs deux pôles à la fois en quelque point de leur circonférence que ce soit.

—

## Troisième Partie

# APPLICATIONS
# Physiques de l'Électricité.

## I.

### Lumière électrique.

Nous avons vu dans la première partie de ce travail, qu'un courant électrique un peu intense, passant à travers deux charbons calcinés, séparés par un intervalle excessivement petit, produisait une lumière éblouissante que l'on pouvait appliquer dans une foule de cas à des usages importants. Comment rendre cette lumière continue à mesure que s'usent les charbons? Comment l'amplifier et la projeter sans augmentation de dépense? Telles sont les questions qui nous restent à examiner.

Disons d'abord que, comme aspect, la lumière électrique, quoique comparable à celle du soleil, a un reflet bleuâtre assez désagréable à l'œil, mais on peut le rendre rosé en employant du charbon de bois de *bourden*, lequel n'altère d'ailleurs en rien l'éclat de la lumière.

*Régulateur de M. Staite modifié par M. Archereau.* — Les instruments au moyen desquels on a pu rendre la lumière électrique continue, les régulateurs de lumière électrique en un mot sont d'une date très récente. Les premiers ont été construits en Angleterre, par MM. Staite et Pétrie, en 1848. Il est vrai qu'en même temps M. Foucault en construisait un en France, mais comme les régulateurs de MM. Staite et Pétrie étaient passés déjà dans le commerce lorsque M. Foucault a réclamé la priorité et a montré son appareil tout démonté à la commission nommée par l'Académie, on peut en conclure que l'application première, sinon l'idée, appartient à MM. Staite et Pétrie. Voici en quoi consiste l'appareil de M. Staite qui est, du reste, le plus simple de tous ceux qu'on a faits depuis, surtout depuis les modifications que lui a apportées M. Archereau.

Deux colonnes ou tiges métalliques, auxquelles on peut donner toutes les formes possibles, soit la cambrure des montants d'une lyre, soit la rigidité des colonnes grecques, sont unies entre elles par trois traverses, de manière à former un ensemble solide. L'une de ces traverses est métallique ; c'est celle qui occupe la partie supérieure de l'appareil, les autres doivent être en bois. Ces dernières servent de supports et de points d'attache à une longue bobine placée parallèlement entre les deux colonnes et qui doit être enroulée de fil assez gros pour que le courant en circulant au travers sans le fondre, puisse agir sur un fer électro-aimant placé à l'intérieur de la bobine.

Ce fer électro-aimant, qui n'est autre chose qu'une tige de fer de la longueur de la bobine, est soudé à une tige de cuivre de même calibre et de même longueur, portant à son extrémité libre une petite poulie. Du côté opposé, le fer porte un petit tube de cuivre avec vis de pression dans lequel on introduit l'un des charbons lorsque la tige entière a été introduite dans la bobine. Alors une corde fixée à la traverse inférieure et s'enroulant sur une poulie d'un grand diamètre, peut servir de support à la tige électro-aimant en s'engageant dans la gorge de la petite poulie dont nous avons parlé. Il suffit pour cela, qu'un contrepoids, qui sera placé au bout de la corde, soit susceptible de lui faire équilibre.

La traverse métallique qui occupe la partie supérieure de l'appareil porte un petit tube de cuivre qui descend perpendiculairement en face du charbon que porte la tige électro-aimant et dans lequel on introduit également un crayon de charbon. Au moyen d'un ajustement très simple, ce tube peut d'ailleurs être réglé facilement, tant pour sa hauteur que pour sa direction, et, par conséquent, les deux charbons peuvent être placés très exactement l'un au-dessus de l'autre.

Ainsi disposé, l'appareil peut fonctionner, mais il est important de le régler et, surtout, de bien équilibrer la tige mobile. Cela étant fait, il suffit de mettre en rapport une des deux colonnes métalliques de l'appareil avec l'un des pôles de la pile et de faire aboutir l'autre pôle au fil de cuivre de la bobine (dont un bout est soudé sur son canon). Le courant passe alors de la bobine au charbon inférieur par la tige elle-même qui le supporte, et, franchissant l'intervalle séparant les deux charbons, il arrive à l'autre pôle de la pile par la traverse supérieure de l'appareil et la colonne métallique à laquelle est attaché l'un des fils conducteurs.

Tant que le courant passe et produit la lumière, la bobine réagit sur le fer de la tige électro-aimant qui porte le charbon inférieur, et l'attire en raison de la réaction magnétique qu'exercent les solénoïdes sur un fer mobile à leur intérieur. C'est ce qui donne aux charbons *l'écart suffisant* pour l'effet lumineux. Mais, aussitôt que le courant cesse de passer, ou s'affaiblit par suite de l'usure des charbons , cette attraction cesse et le charbon mobile, sollicité par le contrepoids, se trouve entraîné et soulevé jusqu'à ce que le courant passe de nouveau, alors l'équilibre se trouve établi entre les deux forces et les charbons peuvent s'user de nouveau.

Ainsi, à mesure que la lumière tend à décroître, le contrepoids réagit, et c'est ce qui maintient toujours égale l'intensité de la lumière.

Plusieurs précautions néanmoins doivent être prises quand on veut que l'appareil marche très régulièrement. Il faut d'abord placer les charbons à une hauteur qui dépend de l'intensité de la pile dont on doit se servir. Si la pile est très forte, les charbons doivent être placés un peu haut, car l'attraction des solénoïdes augmente, du moins jusqu'à moitié de leur longueur, à mesure que le fer s'y enfonce. Au contraire, et par la même raison, les charbons doivent être placés plus bas si la pile est faible.

D'un autre côté, comme la pile elle-même s'affaiblit, on doit avoir soin d'alléger de temps en temps le contrepoids afin de maintenir l'équilibre, c'est pourquoi on emploie dans ce cas, comme contrepoids, de la grenaille de plomb.

*Régulateur de M. Foucault.*—Dans l'appareil précédent, le point lumineux se déplace à mesure que s'usent les charbons; or, il importe dans beaucoup de circonstances, et particulièrement dans l'application de la lumière électrique aux expériences d'optique, que ce point lumineux reste fixe. Le problème était d'autant plus difficile à résoudre, que les charbons s'usent inégalement. Il a donc fallu avoir recours à la mécanique pour venir en aide à l'effet physique dans cette circonstance. C'est ce à quoi sont parvenus, plus ou moins ingénieusement, MM. Foucault, Breton frères et Jules Dubosc. Toutefois, M. Foucault a de beaucoup la priorité de l'invention sur les artistes dont je viens de parler. Voici comment il a disposé son appareil :

« Les deux porte-charbons sont sollicités, dit M. Foucault, dans son Mémoire adressé à l'Académie, l'un vers l'autre par des ressorts, mais ils ne peuvent aller à la rencontre l'un de l'autre qu'en faisant défiler un rouage dont le dernier mobile est placé sous la domination d'une détente. C'est ici qu'intervient l'électro-magnétisme : le courant qui illumine l'appareil passe à travers les spires d'un électro-aimant dont l'énergie varie avec l'intensité du courant; cet électro-aimant agit sur un fer doux sollicité d'autre part à s'en éloigner par un ressort antagoniste. Sur ce fer doux mobile est montée la détente qui enraye le rouage ou le laisse défiler à propos, et le sens du mouvement de la détente est tel, qu'elle presse sur le rouage quand le courant se renforce, et qu'elle le délivre quand le courant s'affaiblit. Or, comme précisément le courant se renforce ou s'affaiblit quand la distance interpolaire diminue ou augmente, on comprend que les charbons acquièrent la liberté de se rapprocher au moment même où leur distance vient à s'accroître, et que ce rapprochement ne peut aller jusqu'au contact, parce que l'aimantation croissante qui en résulte leur oppose bientôt un obstacle insurmontable, lequel se lève de lui-même aussitôt que la distance interpolaire s'est accrue de nouveau.

» Le rapprochement des charbons est donc intermittent, mais, quand l'appareil est bien réglé, les périodes de repos et d'avancement se succèdent assez rapidement pour qu'elles équivalent à un mouvement de progression continu. »

M. Foucault n'explique pas comment il a réglé le rapprochement plus ou moins grand des charbons ; il est probable que c'est en donnant aux poulies, sur lesquelles s'enroulent les fils qui les sollicitent, un diamètre inégal et en rapport avec les quantités dont ils s'usent. Il ne décrit pas non plus la manière dont agit la détente, mais il paraîtrait, d'après sa description, que c'est par une simple pression contre un tambour fixé sur l'axe des deux poulies sur lesquelles s'enroulent, en sens inverse, les cordes des porte-charbons.

Quoiqu'il en soit, cet appareil a été le point de départ de tous ceux dont nous allons parler et qui nécessitent tous une place déterminée pour chaque pôle de la pile.

*Régulateur de MM. Breton, frères.* — Ce régulateur ne diffère du précédent qu'en ce qu'au lieu de ressorts pour rapprocher les charbons, on s'est servi du poids et contrepoids des bras métalliques qui les portent, et, qu'au lieu d'une détente à pression pour maintenir l'écartement, on a fait intervenir un encliquetage de roue à rochet dentée très fin. Ce sont des leviers qui agissent sur les porte-charbons et, par conséquent, c'est par la différence de leur longueur que s'opère l'inégalité dans la marche des charbons.

Les régulateurs de lumière électrique, dont nous venons de parler, peuvent être disposés horizontalement ou verticalement, c'est-à-dire de telle manière que les porte-charbons soient placés, l'un vis-à-vis de l'autre, dans une position horizontale ou verticale. Cependant, comme dans beaucoup d'expériences, entre autres quand on veut analyser la lumière produite par la fusion des différents métaux, on est obligé de poser la substance à brûler dans une soucoupe de platine, on préfère les régulateurs dont les porte-charbons sont verticaux. C'est pourquoi tous les constructeurs ont dû changer la disposition première de leurs appareils.

*Régulateur de M. Jules Dubosc.* — Dans l'appareil de M. Jules Dubosc, le porte-charbon inférieur est pressé par un ressort en hélice qui le fait monter tandis que le porte-charbon supérieur est sollicité à descendre par son propre poids. Le courant n'arrive aux charbons qu'après avoir traversé un électro-aimant creux, caché dans la colonne de l'instrument, et à travers lequel passe le porte-charbon inférieur. Quand le courant passe, c'est-à-dire, quand les deux charbons sont à une distance suffisante pour que le courant ne soit pas interrompu, l'électro aimant est actif et attire une palette de fer; cette palette, par l'intermédiaire d'un levier articulé enraye une roue à rochet horizontale montée sur le même axe qu'une vis sans fin dont le mouvement commande un mécanisme spécial d'horlogerie; quand au contraire le courant ne passe pas, la roue à rochet est libre et peut se trouver entraînée par le mouvement d'horlogerie qui doit être en rapport avec l'ascension et la descente des porte-charbons. Alors ceux-ci se rapprochent, mais le mouvement opéré dans cette circonstance, est tempéré par le mécanisme d'horlogerie, qui est à cet effet muni d'un système d'ailettes. C'est même uniquement dans ce but que M. Jules Dubosc a ajouté à son appareil ce mécanisme dont il aurait pu, à la rigueur, se passer, comme nous l'avons vu dans les appareils précédents.

Nous n'avons pas dit encore comment, dans cet appareil, le charbon positif était animé d'un mouvement plus rapide que le charbon négatif pour satisfaire à l'usure plus grande qu'il éprouve de la part du courant. Cette partie du mécanisme est la plus compliquée. Voici en quoi elle consiste :

Les poulies sur lesquelles s'enroulent les fils des deux porte-charbons au lieu d'être de même diamètre, comme dans l'appareil précédent, sont de diamètres inégaux. L'une a un diamètre constant; l'autre au contraire a un diamètre variable que l'on peut faire croître au moyen d'un petit bouton régulateur dans le rapport de 3 à 5, suivant l'intensité du courant. Pour obtenir cet accroissement et ce rétrécissement du diamètre de la poulie variable, force a été d'enrouler le fil, non plus sur une gorge de poulie ordinaire, mais sur un treuil formé par un ensemble de six goupilles disposées circulairement sur des leviers mobiles. Ces leviers étant articulés séparément par l'une de leurs extrémités sur une même plaque, et se trouvant liés à un axe fixe (l'axe du bouton régulateur), peuvent être redressés ou couchés, suivant qu'on tourne à gauche ou à droite le bouton régulateur, et par cela même le diamètre du cercle ou plutôt du polygone formé par les goupilles peut se trouver agrandi ou rétréci à volonté.

Dans chaque expérience et même plusieurs fois dans la même expérience, il faut régler l'appareil, c'est-à-dire donner aux ressorts antagonistes de la détente le degré de tension convenable, et à la poulie dont nous avons parlé, le diamètre voulu pour que le rapprochement des charbons soit le plus régulier possible.

*Système amplificateur de lumière électrique de M. Martin de Brette.* — Cet appareil excessivement ingénieux peut être d'une application très importante pour l'éclairage public, car il peut projetter d'une manière continue et dans toutes les directions, à plusieurs kilomètres de distance, une lumière excessivement brillante, et cela sans augmentation de dépense pour la pile. Il se compose de deux appareils distincts : d'un régulateur de lumière électrique et d'un appareil amplificateur à rotation.

Ce dernier consiste dans une carcasse polygonale en fonte sur le pourtour de laquelle sont montées six lentilles de phare et dont le centre porte deux tourillons creux, à travers lesquels passent les porte-charbons. Cette carcasse est montée par ses tourillons dans un cadre de fonte qui peut pivotter lui-même sur deux de ses côtés, dans un sens perpendiculaire à celui dans lequel tourne l'appareil lenticulaire. De plus des engrenages et des poulies de renvoi, adaptés aux tourillons de ces deux systèmes tournants, permettent que le mouvement communiqué par la roue motrice (laquelle est montée sur le support de tout cet ensemble mobile), soit transmis d'abord au cadre de fonte et en second lieu au prisme lenticulaire. Il résulte de cette disposition que ce double mouvement convenablement calculé suffit pour diriger un faisceau lumineux successivement sur les différents points de l'espace, et les éclairer *d'une manière continue.* Il suffit pour cela que les lentilles passent dix fois par seconde dans une même direction; car la persistance de l'impression visuelle est précisément égale à un dixième de seconde.

Pour obtenir ce résultat, il faut que la roue qui porte les lentilles fasse environ deux tours par seconde, tandis que le cadre qui la porte en accomplit cinq.

Ainsi, sans augmenter l'intensité de la lumière électrique, on peut l'amplifier d'une manière considérable et la projeter au loin dans toutes les directions à la fois, comme si elle passait au travers d'une sphère de verre composée d'une infinité de lentilles.

Le régulateur employé par M. Martin de Bretté est fondé comme ceux que nous avons décrits sur les effets mécaniques de l'électro-magnétisme.

Les porte-charbons passent, comme nous l'avons déjà dit, au travers des tourillons de l'appareil lenticulaire; ils sont sollicités à marcher l'un vers l'autre par deux ressorts boudin, mais ils sont arrêtés à une distance convenable par deux frotteurs dentelés mis en rapport (à l'aide de leviers à bascule) avec un électro-aimant interposé dans le courant. Quand le courant passe, les frotteurs empêchent les charbons d'avancer, parce que l'électro-aimant les tient appuyés; mais, aussitôt qu'il s'affaiblit, les ressorts l'emportent et poussent l'un vers l'autre les charbons jusqu'à ce que le courant soit rétabli dans toute sa force (1).

(1) Il faut que les frotteurs soient distants des porte-charbons de moins d'un quart de millimètre.

En raison de la mobilité de l'appareil, tous les contacts métalliques ont dû se faire par l'intermédiaire de frotteurs.

*Système d'éclairage électrique de M. Liais.* — Pour obtenir une lumière plus régulière et surtout moins saccadée que ne la produisent les régulateurs précédents, M. Liais a proposé un système au moyen duquel le régulateur agirait d'une manière constante sans être soumis au caprice des charbons. — D'abord, un commutateur à renversement de pôles serait appliqué à l'appareil afin de rendre égale l'usure des deux charbons, et ce commutateur serait mis en mouvement soit par un moteur électro-magnétique, au travers duquel passerait le courant, soit par un mouvement d'horlogerie. En second lieu, ce commutateur tout en renversant le courant à des intervalles très rapprochés, le conduirait alternativement dans un double système de charbons qui composerait le foyer lumineux. Il en résulterait que pendant le temps de la permutation du courant, les charbons pourraient être sans cesse rapprochés au contact, puis écartés d'une quantité constante par le mécanisme moteur et cette quantité pourrait être réglée suivant l'intensité de la pile que l'on voudrait employer. En troisième lieu l'ensemble de l'appareil serait animé d'un mouvement de rotation rapide pour dissimuler le passage du courant de l'un à l'autre système de charbons. Enfin les charbons eux-mêmes devraient être placés dans un globe de verre rempli d'un gaz impropre à la combustion, afin d'en rendre l'usure moins prompte.

Pour répartir la lumière électrique d'une seule pile sur plusieurs points, M. Liais est parti de ce fait que si, à l'aide d'un mécanisme convenable, on tire dans l'espace d'une seconde cinquante ou soixante étincelles électriques au moins, l'œil reçoit l'impression d'une lumière uniforme, mais toutefois moins intense que si le courant passait continuellement. Il fait donc passer successivement l'étincelle électrique dans une série d'appareils, en recommençant cette série quand elle est finie.

*Voici la liste des plus belles expériences que l'on peut faire avec un appareil lenticulaire à projection, adapté aux régulateurs de lumière électrique :*

1° Projection du corps à travers le microscope.

2° Projection amplifiée des charbons du régulateur, pour montrer la manière dont ils s'usent, le transport des particules charbonnées du pôle positif au pôle négatif, et la manière dont s'illuminent les charbons au moment où le courant va passer. (1)

3° Même projection, mais avec substitution de métaux à l'un des charbons, pour montrer les différents phénomènes qui s'opèrent pendant leur fusion.

4° Projection du spectre de la lumière électrique résultant de la combustion des charbons.

5° Projection du spectre de la lumière électrique résultant de la fusion des différents métaux.

6° Projection de la lumière électrique décomposée par diffraction. — Anneaux de Newton. — Couronnes. — Anthélies, etc.

7° Projection de la lumière polarisée, et expériences qui se rapportent à cette partie de la physique.

8° Projection des images daguerriennes photographiées sur verre.

9° Cristallisation de l'alun et de sels divers s'opérant à vue à travers le microscope

10° Formation de l'arbre de Saturne sous l'influence du courant électrique, s'opérant également à vue.

11° Illumination d'un jet d'eau, de manière à donner

---

(1) On voit que c'est le pôle négatif qui s'illumine le premier; le pôle positif est ensuite le plus brillant.

l'apparence d'une colonne de feu ou de lave en fusion.

12° Expérience pour démontrer la circulation du sang dans la langue d'une *grenouille*.

*Appareil régulateur pour la lumière électrique dans l'eau.* — Nous avons déjà dit que la lumière électrique pouvait aussi bien se produire dans l'eau que dans l'air, et que cette propriété permettait de l'appliquer dans les travaux sous-marins, principalement quand il s'agit d'explorations au fond de la mer ou de sauvetage d'objets immergés. Voici l'appareil qu'il faut alors employer.

Deux montants en bois de hêtre, mortaisés solidement sur une base large et épaisse, servent d'appui aux deux porte-charbons, qui sont montés horizontalement dans un étui à ressort à boudin, comme dans le régulateur de **M. Martin de Brette**. L'électro-aimant, modérateur ou régulateur, est renfermé dans une petite boîte de cuivre hermétiquement soudée de toutes parts, mais on a soin que ses pôles soient exactement appuyés contre une des parois de la boîte; il en résulte que son armature, qui doit être platinée ou galvanisée, peut être attirée à travers la boîte et agit en dehors sur les freins qui doivent retenir les charbons quand le courant passe.

Ces freins peuvent être combinés de différentes manières : le plus simple dans ce cas, car il n'est pas besoin que le point lumineux soit fixe, est celui de **M. Martin de Brette**. Il consiste dans un levier coudé à angle droit dont une des branches porte un frotteur dentelé et l'autre, l'armature de l'électro-aimant. Cette dernière est maintenue dans une position fixe, par un butoir et un ressort antagoniste. La partie du porte-charbon sur laquelle doit appuyer le frotteur est elle-même dentelée, de telle sorte que, quand l'électro-aimant devient actif, le charbon ne peut plus avancer.

Des fils couverts de gutta-percha, servent à la transmission du

courant, mais celui-ci avant de parvenir aux charbons, est
obligé de passer par l'électro-aimant qui, de cette manière,
partage les variations d'intensité, que peut éprouver la lumière.

*Régulateur à lumière intermittente de M. Petrie.* —
Le régulateur de M. Petrie est, comme nous l'avons dit,
un des premiers qui ait été imaginé, et si l'on en juge par
la date des brevets, il aurait même la priorité sur celui de M.
Staite. Sa construction, du reste, en est très différente, et se
rapproche tout-à-fait de celle du régulateur de M. Foucault.
En effet, comme dans ce régulateur, c'est le courant électrique qui, passant par un électro-aimant mis en relation avec
un ressort et un mouvement d'horlogerie, maintient continuellement à une distance convenable les deux charbons.
Mais une innovation fort importante, apportée dans cet
instrument, c'est la manière dont on est parvenu à produire,
pour les phares, un éclairage intermittent à périodes réglées
d'avance, de façon à produire toutes les espèces de feux
désirables. Malheureusement la description du mécanisme
employé dans ce but n'a pas été publiée, et les renseignements
qui me sont parvenus ne sont pas assez complets pour que je
me hasarde à la faire.

*Appareil de lumière électrique pour les travaux des mines.*
— Plusieurs savants, entr'autres, MM. de la Rive, Boussingault
et Louyet, ont revendiqué l'idée première de l'application de
la lumière électrique aux travaux des mines. Ce qui paraît
certain, c'est que si cette idée appartient à M. Louyet,
comme cela me semble prouvé, l'application n'en a été faite
qu'en 1845, par M. Boussingault.

Tout le monde sait le danger que courent les mineurs
lorsqu'un jet de gaz hydrogène venant à se faire jour à travers les couches de terres, rencontre la flamme des différentes
lampes qui éclairent les galeries de la mine. Or, comme la

lumière électrique peut se produire dans le vide, on comprend qu'en renfermant chaque foyer lumineux avec un régulateur dans des globes hermétiquement fermés, il n'y a plus à craindre le moindre danger, puisque ces foyers seraient complètement isolés de l'air extérieur. Ce serait encore l'occasion d'employer le régulateur de M. Martin de Brette, dont la disposition s'accommode le mieux avec les appareils dans lesquels il faut faire le vide.

## II.

### Inflammation à distance des substances explosibles.

Les effets calorifiques auxquels donne lieu le passage du courant électrique dans un circuit disposé en conséquence, ont été appliqués, comme nous l'avons dit dans notre deuxième chapitre (1$^{re}$ partie) à l'explosion des mines, et pourraient être d'un très grand secours, dès lors qu'il s'agit de l'inflammation à distance de substances explosibles. Toutefois pour réaliser ces effets, plusieurs combinaisons doivent être prises, et le point important est d'agir économiquement,

Les lois de la physique nous montrent que si un courant passe d'un conducteur de grosse section à un conducteur très fin ou de plus mauvaise conductibilité, ce dernier se trouve rougi et bientôt fondu, pourvu que la pile soit suffisamment forte et le conducteur d'une longueur très limitée. Ainsi, un fil de fer fin, unissant les deux extrémités de deux conducteurs un peu gros en fil de cuivre rouge, se trouvera rougi au moment du passage du courant. Un crayon de charbon taillé en pointe, et en simple contact avec les deux conducteurs, rougira de même, mais à ses extrémités seulement. D'après cela, on pourrait croire qu'il ne s'agirait, pour ré-

soudre le problème de l'inflammation à distance des substances explosibles, que de les placer simplement au-dessus
des fils ou charbons qui doivent rougir. La question pourtant,
est un peu plus complexe. Sans doute, l'expérience ainsi
disposée peut parfaitement réussir, mais il faut une pile de
vingt ou trente éléments de Bunzen, et de gros conducteurs.
Or, un pareil procédé, en outre de la dépense qu'il occasion-
nerait, serait, dans la plupart des cas, d'une application
tellement difficile qu'on serait en droit de préférer les anciens
moyens, sans doute plus dangereux, mais beaucoup plus
expéditifs.

Heureusement, les progrès de la physique, dans ces
derniers temps, ont permis de résoudre le problème à la
satisfaction de tous les intérêts. Les procédés qu'on emploie
maintenant, sont de deux sortes : l'un, fondé sur l'action
directe du courant électrique, l'autre, sur la tension des
courants d'induction créés sous l'influence d'un courant
voltaïque.

*Procédé de MM. Richard Law Brunton et Stateham.* —
La découverte de ce procédé est due à une circonstance
accidentelle qui s'est présentée dans les expériences faites à
Londres, lors de l'essai du télégraphe sous-marin de Douvres
à Calais.

« Pour ces expériences, dit l'inventeur, on s'était servi
d'une batterie de grande intensité, formée de deux cent
cinquante à quatre cents éléments. Le câble a été mis à
l'épreuve à une profondeur considérable dans l'eau, et il
n'en sortait que les deux bouts, dont l'un communiquait à
la batterie, l'autre à la terre, comme cela a lieu dans toutes
les lignes télégraphiques. »

Dans une de ces expériences, M. Brunton ayant trouvé un
défaut dans l'un des fils, fut amené à un examen minutieux
de tout le câble ; mais, bientôt, quel fut son étonnement

quand , arrivé à l'endroit de la rupture du fil , il vit des étincelles passer au travers de l'enveloppe de gutta-percha , et se succéder avec une grande rapidité. Ce phénomène était un fait nouveau pour la science, car, jusque là, on n'avait pas eu d'exemples d'étincelles échangées à distance, on , du moins, sans friction de la part d'un conducteur de courant d'électricité voltaïque. Mais M. Brunton ne s'en tint pas là , et songea à appliquer cet effet. L'explosion des mines lui fournit aussitôt l'occasion d'en tirer parti d'une manière utile.

Les expériences que MM. Brunton et Stateham firent alors dans ce but, furent couronnées de succès, et ils reconnurent qu'avec une fusée très simple, préparée dans les conditions qui avaient été observées lors de la constatation du phénomène physique, on pouvait agir à une distance presque illimitée avec un fil fin et une batterie galvanique assez faible. Le seul point important dans ces expériences , c'était que le fil conducteur fût parfaitement isolé.

Voici, du reste, la manière dont les inventeurs recommandent de disposer la fusée qui se forme , disent-ils, en interposant un conducteur inférieur d'électricité entre les deux bouts du fil de cuivre.

« Prenez deux bouts de fil de cuivre rouge recouverts de gutta-percha pur, dégarnissez de gutta-percha leurs extrémités à environ deux millimètres , prenez un morceau de gutta-percha galvanisée d'environ vingt-cinq millimètres, et enveloppez ce morceau avec les 2 bouts dégarnis des fils de la fusée, en laissant un intervalle d'environ 3 millimètres; après quoi vous les entortillerez de manière à ce que la solution de continuité des fils forme le bout de cette petite torsade. Enfin , lors de l'expérience, découpez dans l'enveloppe de gutta-percha galvanisée un vide pour recevoir la poudre.

» Le conducteur inférieur, entre les fils , est à un courant de tension ce que le fil de platine est à un courant d'intensité ou de quantité.

» En général, il est bon de galvaniser ou de platiner les bouts des fils de la fusée afin qu'ils ne s'oxydent pas. »

*Procédé de MM. Rumkorff et Verdu.* — Bien que le procédé précédent ait été employé avec succès, particulièrement lors de l'inauguration du télégraphe sous-marin de Douvres à Calais, pour mettre le feu à une pièce d'artillerie, il nécessite encore une pile assez considérable, si ce n'est par son intensité, du moins par sa tension. Mais des expériences toutes récentes, faites par MM. Rumkorff et Verdu, ont amené une solution plus complète du problème.

Depuis longtemps les effets de l'inflammation de la poudre par les décharges d'électricité statique, étaient connues, et lorsque M. Rumkorff eut construit son appareil inducteur, dans lequel des étincelles pouvaient être échangées à distance, tous les physiciens eurent l'idée de répéter, avec cet appareil, les expériences faites avec la bouteille de Leyde et les condensateurs. L'expérience de l'inflammation de la poudre fut du nombre de celles qui réussirent le mieux, et, pour mon compte personnel, j'avais déjà employé ce moyen l'année dernière à Cherbourg, lors des expériences que je faisais à mon cours d'électricité. Le procédé de MM. Rumkorff et Verdu n'est pas autre chose que cette simple expérience; mais, s'il ne constitue pas une invention, les essais en grand que ces Messieurs ont faits récemment à la Villette, près Paris, ont montré tout le parti qu'on pouvait tirer de cette application, et ont établi les conditions les plus favorables pour l'usage que sont appelées à en faire l'artillerie et la pyrotechnie.

J'ai déjà eu occasion de parler, sans le décrire, de l'appareil de M. Rumkorff, et ce serait peut-être le cas d'en faire en ce moment la description. Mais, comme son principe se rattache à celui des appareils électro-médicaux dont nous aurons occasion prochainement de parler d'une manière spéciale, je me contenterai de dire aujourd'hui, que le phé-

nomène de l'étincelle à distance vient de ce que les courants
d'induction, étant des courants d'électricité de tension, doivent en posséder tous les caractères s'ils sont convenablement
*isolés* dans leurs conducteurs. Toute la question de réussite
est donc dans l'isolement parfait de ces courants.

D'après cela on comprend que pour obtenir l'étincelle à
distance, avec l'appareil en question, il ne s'agit que d'interposer dans le courant une fusée dans laquelle les deux
bouts de fil, constituant la solution de continuité, soient
taillés en pointe et éloignés à peine d'un millimètre, en ayant
soin de leur donner pour support et garniture, une substance
parfaitement isolante.

Pour plus de sûreté, M. Rumkorff a muni ses fusées d'une
ampoule en verre qui sert à la fois d'isoloir ou de support aux
deux bouts des fils, et de réceptacle pour la poudre. Les conducteurs électriques étaient des fils de cuivre d'un millimètre de diamètre, soigneusement isolés avec une première
enveloppe de gutta-percha, et avec deux autres, à l'extérieur,
de la même substance souffrée.

Les expériences ont été faites successivement à 400 mètres
à 600, 1 000, 4 800, 5 000, 6 400, 7 600, 25 600, 26 000, et
elles ont toutes admirablement réussi, soit avec un circuit
double, soit en faisant entrer la terre dans le circuit, et l'on
n'a employé pour cela que deux éléments de Bunzen (moyen
modèle).

On a procédé ensuite à une autre série d'expériences, en
remplaçant les deux éléments de la pile par l'appareil de
Clarke, tout en conservant l'appareil inducteur de Rumkorff.
On a commencé avec une longueur de circuit de 440 mètres
du même conducteur isolé, en plaçant toujours, vers le milieu, la petite fusée électrique; l'inflammation a eu lieu
aussitôt qu'on a mis l'appareil en activité; de semblables expériences, à des distances de 1 000, 1 800, et, enfin, 5 600

mètres, ont été également couronnées de succès. On n'a pas
expérimenté au-delà, mais tout porte à croire que l'expérience
aurait pu réussir à une distance beaucoup plus grande.

Ces brillants résultats ont engagé M. Rumkorff à réunir
dans la même boîte son appareil et la machine de Clarke, de
telle sorte que l'on se trouve avoir, sous un très petit volume,
tout ce qui est nécessaire pour l'explosion à distance des
substances inflammables. Un semblable appareil ne coûte
que trois cents francs. (1)

Il serait bien long d'énumérer la foule d'applications que
l'on peut faire de cet appareil, car l'explosion des mines n'est
qu'une bien petite face de la question. Son emploi dans l'artillerie, soit pour la décharge instantanée d'une batterie,
composée de plusieurs pièces d'artillerie, soit pour l'explosion
des brûlots, soit pour la démolition des navires sous l'eau,
ou pour les mines sous-marines, serait un progrès immense
réalisé dans l'intérêt de la défense et de la sécurité des hommes préposés à ces différentes manœuvres.

Dans l'artillerie ordinaire, même, ce procédé pourrait être
utilement employé. En effet, la lumière par laquelle s'opère
la transmission du feu dans les canons, est une cause perpétuelle d'accidents pour les chargeurs des pièces, car l'air
qui entre par cette lumière, peut entretenir incandescentes
les flamèches restées au fond du canon. Avec le procédé élec-

(1) Dans une réclamation qui vient de m'être adressée, on me
fait savoir que M. Croissant, pharmacien à Laval, a appliqué, depuis
15 ans, l'électricité à l'explosion des mines, et qu'il ne lui fallait
pour cela que deux éléments de Bunzen. La description de son
procédé ne m'ayant pas été envoyée, pas plus que la distance à
laquelle pouvait s'opérer l'explosion, je ne puis savoir quelle place
doit occuper M. Croissant dans l'histoire de cette découverte. Ce
qui est certain, c'est que le procédé de M. Rumkorff sera toujours
celui qui devra être préféré

trique, la lumière peut être supprimée, car on la remplace par une fusée qui peut facilement être disposée de manière à rester fixe et à servir toujours.

Enfin, pour les feux d'artifice, les travaux de siège qui demandent la simultanéité dans les explosions, aucun moyen ne pourrait remplacer l'effet électrique. Espérons donc que l'artillerie française qui, jusqu'à présent, a toujours été la première de l'Europe, ne se laissera pas devancer par les autres nations, et qu'elle sera la première à faire des expériences qui, jusqu'à présent, sont restées seulement dans le domaine de la science.

## III.

### Appareils électro-médicaux.

Les réactions physiologiques du fluide électrique, et principalement les commotions auxquelles il donne lieu lorsqu'il se trouve développé en quantité suffisante, furent un des premiers effets observés de cet étrange élément. On trouve, en effet, que dès 1746, un certain physicien appelé Gralath donna un choc à vingt personnes à la fois et à une très grande distance de la machine. Quelque temps après, M. Mallet, en France, tua des poissons et des oiseaux, par des décharges de la bouteille de Leyde. Enfin l'abbé Nollet donna, en présence du roi Louis XVI, un choc à cent quatre-vingts gardes, et au grand couvent des Cartesiens à Paris, l'assemblée entière formant une ligne de 1096 mètres de long, unie par des conducteurs, tressaillit en même temps à la décharge de la bouteille.

Ces effets si extraordinaires qui semblent démontrer une certaine liaison entre le système nerveux des êtres animés et le fluide électrique, durent donc bientôt être étudiés au point de vue médical; mais la violence du choc, le peu de durée de l'effet rendirent infructueux tous les essais que que l'on tenta dans ce but. Ce ne fut que plus tard, lors de la découverte de Galvani, qu'on songea à reprendre avec l'électricité dynamique, ces expériences ; elles n'eurent pas un grand succès à cause de la faiblesse d'action de ce genre d'électricité; mais quand Faraday eut découvert les propriétés physiologiques des courants d'induction, quand on eut reconnu qu'avec une faible source électrique, on pouvait agir énergiquement sur le système nerveux , c'est alors que l'électricité devint , entre les mains de la médecine, un agent énergique d'autant plus précieux, qu'il est applicable dans une foule de cas où les médicaments sont totalement impuissants.

Depuis quelques années les instruments électro-médicaux se sont tellement répandus et sont devenus d'un emploi si fréquent qu'on a dû varier, dans ce but, la disposition des simples appareils d'induction qui suffisaient dans l'origine à ce genre d'application de l'électricité. Aujourd'hui ils constituent des appareils à part. Mais comme leur principe est toujours le même que celui des instruments qui leur ont donné naissance, j'ai cru devoir ranger, dans une même catégorie, tous les appareils, qu'ils soient appareils simplement de physique ou appareils médicaux. C'est ici le cas de redresser l'erreur de certaines personnes qui croient qu'il suffit de toucher un conducteur de courant voltaïque pour éprouver des secousses analogues à celles de la machine électrique, et qui demandent, si les oiseaux qui se posent sur les fils des lignes télégraphiques, ne sont pas tués lors du passage de l'électricité. Cette erreur vient de ce que l'on confond toujours l'électricité dynamique avec l'électricité statique. Pour que le fluide électrique donne une commotion , il faut qu'il soit développé à l'état de tension, c'est-à-dire à un état tel qu'il cherche à franchir un obstacle qui lui serait opposé, tel, par exemple, un espace occupé par un corps isolant. L'électricité des machines jouit au suprême degré de cette propriété, mais l'électricité de la pile la possède si faiblement qu'il faut réunir un nombre très considérable d'éléments (50 ou 60 gros éléments de Bunzen au moins), pour faire franchir au courant un espace vide d'un vingtième de millimètre, et cela avec un circuit très court et un fil très gros. Dans ce cas pourtant on éprouve, en tenant dans les mains les deux extrémités du fil du circuit disjoint, certaines commotions très supportables, mais que l'on peut rendre beaucoup plus énergiques en interrompant fréquemment le circuit. Avec une pile de 200 gros éléments de Bunzen, les commotions vont jusqu'à l'épaule; avec une pile de 800 éléments, telle que celle de la Sorbonne, elles vont jusqu'à la poitrine. Enfin avec une pile encore plus forte on pourrait tuer un homme. En faisant passer le courant à travers le fil d'un électro-aimant on lui fait acquérir (par le courant d'induction qui s'ajoute à lui), une beaucoup plus grande énergie, mais il faudrait même dans ce cas une batterie encore très puissante pour obtenir les commotions nécessaires aux effets médicaux. On comprend d'après cela que ce n'est pas avec les courants très faibles de nos lignes télégraphiques qu'on peut ressentir des commotions quand on touche aux fils conducteurs et encore moins. qu'un oiseau peut être tué en venant s'y percher.

L'habitude qu'on a de faire passer la décharge d'une bouteille de Leyde à travers une chaîne composée de plusieurs personnes qui sont toutes impressionnées de la même manière, fait, en général, supposer qu'il doit en être de même pour les commotions qui résultent des courants d'électricité dynamique. Il n'en est pourtant pas ainsi. Avec le courant direct de la pile, fût-il même assez intense pour donner une forte commotion, les seules personnes de la chaine qui éprouvent quelque sensation sont celles qui tiennent les extrémités du fil du circuit disjoint, encore cette sensation est-elle excessivement faible. Avec les appareils électro-médicaux l'effet se transmet davantage mais l'énergie des commotions décroît à partir des personnes qui sont immédiatement en contact avec les fils conducteurs de l'appareil.

La plus ou moins grande énergie de cette transmission ne dépend pas autant de la puissance électrique que de la manière dont sont isolés les fils qui reçoivent les courants d'induction. Cela tient à ce que ce genre de courants est de nature statique ou plutôt possède une tension particulière qui réclame pour eux un isolement aussi parfait que celui qui est employé pour l'électricité développée par les machines; c'est même à cette propriété que les courants d'induction doivent toute leur énergie sous le rapport de la commotion.

*Appareils magnéto-électriques fondés sur l'aimantation temporaire du fer doux.*

Les appareils d'induction peuvent, comme nous l'avons vu dans la première partie de ce travail, être fondés sur l'induction des courants voltaïques, disposés de manière à constituer des aimants dynamiques, ou sur l'induction des aimants persistants eux-mêmes; mais dans l'un et l'autre cas, il est essentiel que le courant inducteur (le courant magnétique dans l'aimant persistant et le courant voltaïque dans l'aimant dynamique) soit interrompu à des intervalles très rapprochés.

Pour obtenir des instruments capables de fournir des courants d'induction d'une manière continue, il fallait donc trouver le moyen de suspendre par une action mécanique le courant magnétique dans les aimants persistants, ou le courant voltaïque dans les aimants dynamiques. On a résolu le problème de diverses manières, et les machines qu'on a construites dans ce but peuvent se diviser en trois classes très distinctes : *1° les appareils magnéto-électriques fondés sur l'aimantation temporaire du fer doux; 2° les appareils magnéto-électriques fondés sur la suspension du courant magnétique par une réaction statique; 3° les appareils d'induction voltaïque.* L'avantage de ces derniers est de pouvoir être mis en mouvement par eux-mêmes sans l'intervention de personne; l'avantage des premiers est d'être plus portatifs.

*Machine magnéto-électrique de M. Jaxton.* — L'Américain Jaxton est un des premiers qui aient obtenu de la part des aimants, des courants d'induction continus au moyen d'une machine rotative.

Sa machine consistait dans un aimant fixe en fer à cheval, devant les pôles duquel pouvait tourner sur un axe horizontal, un électro-aimant de fer doux. Cet axe était mis en mouvement par une petite poulie liée à une roue verticale de grand diamètre sur laquelle était fixée la manivelle que l'on devait tourner.

Eu égard à sa position l'électro-aimant mobile jouait le rôle d'une armature; il devenait par conséquent un aimant en s'approchant des pôles de l'aimant fixe, mais en s'en écartant il perdait son magnétisme : les conditions d'interruption du courant magnétique étaient donc parfaitement satisfaites par l'effet de cette rotation, et un double courant devait naître dans chaque bobine pour chaque demi tour accompli.

Pour recueillir ce courant, voici comment M. Jaxton avait disposé son appareil : la broche ou arbre porteur de l'électro-aimant, au lieu de se terminer à la traverse unissant les deux branches, se prolongeait au-delà et se terminait par une double aiguille métallique fixée normalement à son axe dans

une position convenable en rapport avec celle de l'armature.
A côté de cette aiguille était adapté, à l'arbre lui-même, un
manchon d'ivoire portant un disque de cuivre auquel aboutissaient les extrémités *extérieures* des fils des deux bobines.
Les deux autres bouts étaient soudés sur les branches mêmes
de l'électro-aimant, de sorte que la communication se faisait
par le fer entre les deux bobines, mais l'aiguille fixée au
bout de l'axe mobile était par cela même en connexion avec
le courant.

La continuité du circuit induit existait bien dans l'appareil
ainsi monté, mais on ne pouvait obtenir la manifestation du
courant que par une dérivation établie entre le disque et
l'aiguille en temps opportun. Pour la faire, M. Jaxton avait
placé au-dessous de ce disque et de cette aiguille une coupe
remplie de mercure et avait disposé son aiguille de manière
à ce qu'elle quittât le mercure au moment où le courant
induit était à son maximum. Or l'expérience lui avait démontré que cette position correspondait précisément à celle
de l'électro-aimant dans la ligne équatoriale de l'aimant fixe.
Alors on voyait à cet instant briller une vive étincelle sur le
mercure, à l'endroit même où le circuit était coupé.

Pour obtenir la fusion d'un fil de platine, il suffisait d'unir
par ce fil le disque tournant à la coupe.

Enfin les commotions étaient obtenues en faisant plonger
le disque et l'aiguille dans deux coupes différentes, et en
introduisant dans ces coupes, une des extrémités des fils
des manipules (espèces de cylindres de cuivre que l'on doit
tenir dans les mains pour ressentir la secousse.)

*Machine de M. Clarke.* — Dans la machine précédente
les courants induits peuvent être recueillis, mais ils ne sont
pas régularisés. Or, il importe dans les applications mécaniques que l'on peut faire des courants d'induction, de les
avoir toujours dans le même sens ; c'est ce à quoi sont

parvenus plusieurs constructeurs, entre autres MM. Clarke et Pixii dans les machines magnéto-électriques qui portent leur nom.

La machine de Clarke est disposée absolument comme celle de Jaxton, mais la manière dont le courant est pris dans les bobines d'induction est complètement différente.

Dans cette machine, en effet, les extrémités extérieures du fil des bobines, au lieu d'aboutir à un même disque de cuivre, sont soudées à deux viroles isolées l'une de l'autre sur un manchon de bois ou d'ivoire et ces viroles sur lesquelles appuient quatre ressorts frotteurs sont découpées de manière à constituer à la fois un interrupteur et un commutateur à renversement de pôles analogue à celui que nous avons décrit pour le moteur à une seule bobine, fondé sur les réactions dynamiques des courants (voir page 177). Avec ce commutateur le courant se trouve dirigé à deux boutons d'attache qui représentent ainsi les deux pôles d'une pile. C'est à ces boutons qu'on fixe les fils des manipules pour les commotions, ou les fils du circuit quand on veut se servir des courants d'induction en guise de courants voltaïques.

Ordinairement dans ces machines, l'aimant fixe est disposé verticalement contre le support de la roue motrice, afin de réduire le volume de l'appareil ; alors l'électro-aimant et ses bobines d'induction tournent vis-à-vis des pôles de l'aimant fixe, dans un plan parallèle à celui de cet aimant. Le commutateur est derrière l'électro-aimant, et les boutons d'attache sont au dehors de la boîte qui renferme tout l'appareil.

Dans d'autres machines de ce genre, l'aimant fixe est horizontal, et l'électro-aimant mobile tourne dans un plan perpendiculaire à celui de l'aimant.

Enfin, dans d'autres appareils, l'aimant fixe et la roue motrice sont disposés horizontalement et le reste de l'appareil est dans le même rapport avec ces deux pièces que dans le système où elles sont disposées dans un plan vertical.

*Machine de M. Pixii.* — La grande machine magnéto-électrique que M. Pixii a construit, en 1832, pour la Sorbonne, lors du cours de M. Ampère, est fondée sur le même principe que la machine de Clarke, seulement c'est l'aimant persistant qui est mobile et l'électro-aimant qui est fixe; le tout est disposé verticalement sur un grand bâtis qui porte en son milieu une table vernissée à la gomme laque sur laquelle se trouve le commutateur. A l'époque où cette machine a été construite, on n'avait pas encore eu l'idée d'opérer les contacts métalliques par des frotteurs, et les commutateurs étaient toujours construits d'après celui de M. Ampère, c'est-à-dire à bascules, avec des rigoles pour le mercure. Aussi est-ce un commutateur de ce genre qui a été adapté à la machine de Pixii, et ce commutateur était mis en mouvement par des excentriques fixées sur l'arbre portant l'aimant fixe.

Avec cet appareil, on a pu décomposer de l'eau en assez grande quantité et rougir des fils de platine.

La machine de M. Pixii est la première machine magnéto-électrique qu'on ait faite, mais à cause de son volume immense, on a dû renoncer à son mode de disposition pour la construction des appareils de ce genre.

*Machine de M. Page.* — La machine de M. Page est double, en ce sens, que l'électro-aimant qui doit recevoir l'induction tourne entre les pôles de deux aimants fixes en fer à cheval. En conséquence, cet électro-aimant, au lieu d'avoir ses deux branches réunies par une traverse commune, forme deux aimants droits indépendants l'un de l'autre et montés sur le même axe de rotation. Ce système est de plus enveloppé par un cylindre de cuivre qui porte une roue pour établir une connexion mécanique avec la source de puissance dont on veut se servir pour maintenir la machine en mouvement.

Le commutateur appelé par l'inventeur *unitrep* est double et monté sur l'axe de rotation aux deux bouts opposés des bobines électro-aimants. Il se compose d'une virole d'ivoire sur laquelle sont incrustés, aux deux extrémités d'un même diamètre, deux segments d'argent en rapport avec les extrémités des fils des bobines. Deux frotteurs pour chaque unitrep distribuent ensuite le courant induit à deux boutons spéciaux.

Comme les aimants fixes sont disposés les uns vis-à-vis des autres par leurs pôles opposés, que les bobines ont leur fil enroulé dans le même sens, et que l'action inductrice est simultanée sur les deux électro-aimants à la fois , le renversement de sens du courant sur les frotteurs s'opère naturellement par le fait seul de la rotation des unitreps qui leur présentent à chaque demi révolution un segment en rapport avec un courant inverse. Les frotteurs et les boutons qui sont en communication avec eux représentent donc constamment les mêmes pôles et peuvent par conséquent être combinés à la manière des pôles d'une pile pour l'accumulation des effets électriques.

*Machine magnéto-électrique multiple de M. Wheatstone.* — Cette machine n'est qu'une complication de la précédente, mais le principe et les détails mécaniques en sont absolument les mêmes, particulièrement les commutateurs. Elle fait réagir à la fois six gros aimants en fer à cheval sur cinq systèmes de doubles bobines montées sur le même axe horizontal. Pour que le courant induit soit tout à fait continu, ces systèmes de bobines sont disposés sur l'axe commun de manière que leur plan présente , pour chacun d'eux une inclinaison différente. Alors les différentes inductions se succèdent et dissimulent les intermittences. Les aimants fixes sont placés sur leur champ afin que chaque système d'électro-aimants puisse être influencé à la fois par les quatre pôles des aimants entre lesquels il tourne. Les commutateurs sont placés sur l'axe dans l'intervalle qui sépare chaque système, et les frotteurs aboutissent tous suivant leur position à deux bandes métalliques placées en dessus et en dessous d'une traverse de bois disposée en conséquence. Ces bandes à leur tour correspondent à deux boutons d'attache qui représentent les deux pôles d'une pile galvanique.

En raison de la plus grande force qui est exigée pour la rotation de ce système multiple, la transmission du mouvement de la grande roue à la petite se fait par un engrenage, au lieu de se faire par un système de poulies.

*Machine magnéto-électrique à mouvement alternatif.*

On emploie souvent en Angleterre une petite machine magnéto-électrique dans laquelle l'éloignement de l'électro-aimant d'induction des pôles de l'aimant fixe, au lieu de se faire par rotation, se fait par un simple mouvement de haut en bas à l'aide d'un levier à bascule qui porte l'électro-aimant. Les extrémités du fil des bobines forment une petite spirale élastique et aboutissent à deux boutons disposés sur le support de l'aimant. C'est, comme on le voit, l'appareil magnéto-électrique dans toute sa simplicité.

*Machines magnéto-électriques fondées sur la suspension du courant magnétique par une réaction statique.*

Pour comprendre le principe sur lequel reposent les machines magnéto-électriques dont nous allons maintenant parler, il faut se reporter à la théorie du magnétisme statique et du magnétisme dynamique dont je parle à la fin de cet ouvrage. Il résulte de cette théorie que par l'effet de l'apposition d'une armature de fer doux sur les deux pôles d'un aimant, on condense les fluides du courant magnétique, et on paralyse son mouvement.

Pour obtenir avec ce système un courant d'induction, il ne s'agit donc que de placer sur les branches de l'aimant persistant lui-même, les bobines d'induction, et de faire tourner vis-à-vis de ses pôles une armature de fer doux, comme on fait tourner dans les autres machines les bobines d'induction elles-mêmes. Plusieurs physiciens se disputent la priorité de cette innovation apportée aux machines magnéto-électriques. Ce qui est certain, c'est que jusqu'à preuve contraire la première machine exécutée d'après ce principe a été construite par MM. Breton, frères, et qu'elle a été l'objet de récompenses accordées à ses auteurs en 1841, 1849 et 1851.

*Machine magnéto-électrique de MM. Breton, frères.* — Cette machine se compose principalement comme nous venons de le dire d'un aimant en fer à cheval muni sur chacune de ses branches d'une bobine de bois enroulée d'une assez grande quantité de fil recouvert de coton. Ces bobines sont fixes et l'aimant peut, en les traversant, être rapproché plus ou moins de l'armature au moyen d'une vis de rappel, ce qui règle la force du courant d'induction. Ainsi établi, l'appareil peut fournir un courant, mais MM. Breton, frères, ont remarqué que les commotions, pour être fortement senties, nécessitaient l'interruption brusque du courant induit lui-même. En conséquence, ils ont adapté au pivot de l'armature un interrupteur spécial pour ce courant, et par cette disposition ils ont pu rendre synchroniques les interruptions du courant inducteur et du courant induit. Une chose cependant assez curieuse, c'est que l'interruption du courant induit, pour obtenir le maximum d'effet dont il est susceptible, ne doit pas exactement correspondre à la position de l'armature sur les pôles de l'aimant, il faut qu'elle ait lieu un peu plus tard, et cette quantité dont il faut dévier l'interrupteur, dépend de la distance de l'armature aux pôles de l'aimant. Ordinairement, MM. Breton règlent leurs instruments au maximum de force au contact.

Le mécanisme rotateur de l'armature consiste, comme celui des machines de Clarke, dans deux roues d'inégal diamètre, mises en relation de mouvement par une chaîne de Vaucanson. Le tout est renfermé dans une boite dont il ne sort que la manivelle, les deux boutons d'attache pour les manipules, la vis de rappel et le fer d'armature que l'on doit toujours placer sur les pôles de l'aimant, pour qu'il ne s'affaiblisse pas.

En substituant à l'interrupteur de cet appareil le commutateur des machines de Clarke, MM. Breton ont pu redresser les courants d'induction, et les rendre continus dans un même sens.

Les accessoires de cet appareil, qui est celui de tous, le plus employé en médecine, consistent dans des manipules, des plaques, des éponges, des pinceaux et boules électriques.

Les manipules sont, comme nous l'avons déjà dit, des cylindres de cuivre qui, en raison de leur grande surface, agissent d'une manière beaucoup plus énergique sur les membres quand on les tient, et surtout quand on s'est frotté les mains avec de l'eau acidulée, ils se terminent souvent par des boules, et tiennent au fil qui doit transmettre le courant, par de petites presses métalliques.

Les plaques électriques sont des espèces de disques de cuivre rouge que l'on substitue aux manipules, quand on veut électriser les pieds, les jambes et les différentes autres parties du corps.

Les éponges électriques sont fixées dans des tubes de cuivre à queue que l'on met en rapport avec le courant, et pour que le médecin ne participe pas à la commotion qu'il appli-

que au malade, on les introduit dans des manches en bois
dont la garniture supérieure est en cuivre. Cette garniture
est en communication avec le courant et le transmet à
l'éponge que l'on imbibe d'eau acidulée pour la rendre
conductrice.

Les pinceaux électriques s'emmanchent de la même
manière que les éponges, et comme ils sont entortillés de
clinquant, ils n'ont pas besoin d'être trempés dans l'eau acidulée. On obtient par ce moyen un faisceau considérable
d'électricité.

Enfin, les boules en servant de conducteur peuvent loca-
liser la commotion.

*Machine magnéto-électrique de M. Duchênne.* — Si la
machine de MM. Breton, frères, est remarquable par sa simplicité, celle de M. Duchênne, de Boulogne, est remarquable
par sa complication. Je ne suis pas, il est vrai, assez médecin
pour connaître la parfaite utilité d'une foule de régulateurs,
qu'il y a introduits, mais je crois, malgré tout le respect que
j'ai pour les médecins, qu'ils ne seront jamais assez sûrs de
la dose d'électricité qu'il faut introduire chez un malade,
pour qu'ils aient besoin d'un appareil aussi minutieux.
Quoi qu'il en soit, voici en quoi il consiste ou plutôt en quoi
il diffère de l'appareil de MM. Breton, dont il n'est qu'une
complication :

Dans l'appareil de M. Duchênne, l'aimant au lieu d'être
mobile comme dans l'appareil précédent, est fixe, et c'est
l'armature et tout son système rotatoire qui est mobile. A
cet effet les supports de tout ce système sont montés sur une
plate-forme à coulisses qui peut être plus ou moins avancée
au moyen d'une forte vis de rappel adaptée sur la tablette
fixe. Cette vis porte une aiguille et cette aiguille en parcourant les différentes divisions d'un cercle gradué, peut désigner
avec une exactitude rigoureuse la distance qui sépare l'armature, de l'aimant fixe.

L'aimant fixe est composé de deux barreaux fortement aimantés réunis par une barre de fer, de manière à constituer un aimant en fer à cheval; il porte d'une manière fixe ses bobines d'induction; mais celles-ci peuvent avoir le courant qui les traverse, régularisé, indépendamment de l'approche ou de l'éloignement de l'armature de l'aimant, par l'intervention de cylindres mobiles en cuivre dont on peut les recouvrir en tout ou partie, il s'échange alors entre ces cylindres et les courants induits, des réactions qui affaiblissent d'autant plus ces derniers, que les cylindres sont plus enfoncés sur les bobines. Or, un guide gradué qui passe au travers du socle de l'aimant indique les différents degrés d'enfoncement de ces cylindres régulateurs.

Les bobines elles-mêmes présentent une particularité. Au lieu d'être recouvertes par un fil homogène, ce sont deux fils de section différente qui forment le circuit induit. On obtient ainsi des courants induits, de premier et de second ordre, que l'on peut isoler au besoin.

L'interrupteur est fixé comme dans l'appareil de MM. Breton, sur le pivot de rotation de l'armature; mais pour pouvoir graduer le nombre des interruptions, M. Duchênne a adapté un frotteur supplémentaire qui peut renvoyer aux boutons d'attache, le courant induit tel qu'il sort de l'interrupteur ou modifié par des interrupteurs secondaires que l'on peut prendre en nombre plus ou moins grand. A cet effet, la grande roue motrice porte latéralement sur une de ses faces des chevilles, inégalement distantes du centre, et se trouve mise en connexion avec le courant par ses supports, la plaque métallique sur laquelle ils sont montés, et l'un des deux frotteurs de l'interrupteur. Le frotteur supplémentaire est en rapport avec l'un des deux boutons d'attache. Il peut, étant serré plus ou moins par une vis, rencontrer une ou plusieurs des chevilles de la roue: quand au contraire il est déserré, il ne rencontre que la plate-forme qui supporte cette roue. Dans ce cas, comme celui des frotteurs de l'interrupteur qui ne touche pas la plate-forme, est en relation avec le second bouton d'attache de l'appareil, le courant parvient aux manipules avec son maximum d'interruptions (celles provenant directement de l'interrupteur). Dans l'autre cas, c'est-à-dire, quand le frotteur supplémentaire rencontre les chevilles, le courant ne parvient aux manipules que sous l'influence des interruptions secondaires qui peuvent être plus ou moins nombreuses, suivant que le frotteur rencontre un plus ou moins grand nombre de chevilles pour chaque révolution de la roue. Pour connaître ce nombre, M. Duchêne a adapté à la vis de pression du frotteur supplémentaire un quatrième régulateur consistant comme celui de l'armature, dans une aiguille et un limbe gradué.

*Machine magnéto-électrique de M. Dujardin.* — Cette machine n'est en quelque sorte que le principe de celles que nous venons d'étudier. Tout le système de rotation de l'armature est supprimé, et celle-ci en faisant charnière autour des pôles de l'aimant, peut être écartée ou rapprochée de l'aimant à l'aide d'un manche.

Cette articulation de l'armature peut se faire de deux manières : dans le sens axial de l'aimant ou dans le sens équatorial. Ce dernier mode a été employé par M. Glaesener, comme nous l'avons vu dans l'horlogerie électrique.

### Appareils d'induction voltaïque.

M. Masson, alors professeur de physique à Caen, est le premier qui se soit occupé de l'application de l'induction voltaïque aux appareils électro-médicaux. Dès 1836, en effet, il avait expérimenté, sur des malades, avec un grand succès les effets d'un petit appareil d'induction de ce genre, dans

lequel les interruptions du courant inducteur étaient produites par les vibrations d'un ressort, contre les dents d'une
roue métallique qu'il faisait tourner. En imprimant à cette
roue un mouvement plus ou moins accéléré, les commotions
étaient plus ou moins fortes. Aussi, quoique cet appareil
soit, pour ainsi dire, le principe de toutes les machines
que l'on a faites depuis, il présente toujours, en cela, un
avantage réel.

Lorsque les commotions doivent être de longue durée,
on comprend que le mouvement de rotation que l'on est
obligé de communiquer à la roue dentée, finirait par être
très fatigant pour la personne chargée de ce soin; on a donc
dû chercher à obtenir les interruptions du courant inducteur
par un procédé mécanique. L'horlogerie a pu facilement remplir ce but important et les interruptions se sont trouvées
ainsi faites d'une manière continue sans exiger la présence de
personne. Mais ces appareils en outre de leur prix élevé étaient
susceptibles de nombreux dérangements et nécessitaient de
fréquentes réparations; il fallait d'ailleurs remonter à des
intervalles très rapprochés le mécanisme d'horlogerie, ce qui
en étant une cause d'arrêt, risquait de compromettre l'effet
physiologique que l'on se proposait. On a donc dû rechercher
un mécanisme plus régulier, dans son action et l'interrupteur de De La Rive est venu fort à propos pour résoudre la question. Quel est celui qui le premier a apporté à ces instruments
cet heureux perfectionnement? Il serait difficile de le préciser
car plusieurs appareils de ce genre ont été exécutés en même
temps par différents constructeurs de Paris, entr'autres MM.
Mirand et Rumkorff. Il est vrai que MM. Breton avaient déjà
construit pour ce genre d'appareils un interrupteur électro-
magnétique, mais cet interrupteur diffère essentiellement de
celui de De La Rive. Quoiqu'il en soit, je vais décrire ceux
de ces appareils qui sont les plus importants et les plus connus.

*Appareil d'induction de M. Jules Mirand.* — Dans cet appareil, d'ailleurs d'un très petit volume, la bobine d'induction est en bois. Son fil inducteur d'environ deux millimètres de section est le premier enroulé, et présente quatre couches d'hélices superposées. Le fil d'induction est très fin (le n° 15 du commerce); il est enroulé en quantité considérable au-dessus du premier, et ses deux bouts viennent aboutir aux deux boutons d'attache des manipules.

Les extrémités du gros fil inducteur correspondent l'une à un des boutons d'attache du circuit voltaïque, l'autre à l'interrupteur de De La Rive. Celui-ci que nous avons déjà décrit deux fois, pages 88 et 167, est tout-à-fait à part et placé auprès de la bobine d'induction. En conséquence, il possède un petit électro-aimant spécial dont le fil est interposé dans le circuit inducteur. Cette interposition fait que toutes les vibrations produites par l'interrupteur se trouvent reproduites dans le courant inducteur lui-même, et excitent dans le fil d'induction les courants qui doivent réagir physiologiquement par l'intermédiaire des manipules.

Pour régler la force de son appareil, M. Mirand prend un cylindre de fer blanc qu'il enfonce plus ou moins dans la bobine d'induction; quand ce cylindre est tout-à-fait enfoncé, les commotions sont à leur maximum, quand on le supprime, elles sont à leur minimum. Cependant, comme dans cette dernière condition elles sont encore très énergiques, M. Mirand indique comme moyen affaiblissant de retirer plus ou moins hors de l'acide nitrique le charbon de la pile de Bunzen qui fait marcher l'appareil.

*Appareil d'induction de MM. Breton frères.* — Comme interrupteur du courant inducteur, MM. Breton frères, ont eu l'idée d'employer un tourniquet électro-magnétique, obligé pour tourner de produire lui-même la rupture successive du courant, comme nous l'avons vu dans le chapitre des électro-moteurs. En partant de ce principe, ils ont disposé à portée d'un électro-aimant droit horizontal, un axe vertical portant un interrupteur et quatre morceaux de fer disposés en croix. L'interrupteur était tellement organisé que quand chaque morceau de fer s'approchait du fer de l'électro-aimant, le courant était fermé ; tandis qu'il était ouvert au moment du passage des branches du tourniquet devant l'électro-aimant et un peu au-delà. Pour chaque révolution du tourniquet il y avait donc quatre interruptions de courant. Or, comme ces tourniquets font moyennement 400 tours par minute, on obtenait ainsi 1600 vibrations par minute, profitables pour le courant d'induction.

Le fil d'induction était enroulé sur une bobine spéciale très mince, qui pouvait être enfoncée sur l'électro-aimant droit de l'appareil, de manière à recouvrir complètement ou en partie le fil de cet électro-aimant devenu alors fil inducteur. Quand cette bobine d'induction le recouvrait entièrement, le courant induit était à son maximum, mais il diminuait rapidement d'énergie à mesure qu'on retirait la bobine et qu'on laissait ainsi moins de fil exposé à l'induction directe du courant.

*Appareil d'induction de M. Rumkorff.*—Vers l'année 1840, MM. Masson et Breguet firent une série de recherches sur l'électricité d'induction voltaïque, qui les amenèrent à faire construire un immense appareil d'induction à roue dentée, que l'on voit encore au collège Louis-le-Grand. Pour obtenir une plus grande certitude dans leurs expériences, ils montèrent leur roue dentée sur un cylindre de verre, et ajoutèrent à cet interrupteur un commutateur à renversement de pôles, pour n'avoir que des courants dans le même sens. Tous les soins avaient été pris d'ailleurs pour le bon isolement des fils et des autres accessoires de l'appareil. Ils constatèrent alors que l'électricité d'induction possédait une tension considérable analogue à celle de l'électricité statique, et conçurent un moment l'espoir de remplacer les machines électriques si capricieuses à donner de l'électricité par des appareils pouvant agir constamment par les temps pluvieux comme par les temps secs. Mais leurs recherches ultérieures n'eurent pas tout le succès qu'ils en attendaient, et ils ne purent pas même obtenir d'étincelles à distance.

M. Rumkorff, habile constructeur, fort connu par tous les physiciens, après avoir repris les expériences de MM. Breguet et Masson, remarqua plusieurs défauts dans leur machine. Il trouva d'abord que l'isolement du fil était bien loin d'être assez parfait pour convenir à de l'électricité statique; en second lieu il reconnut, que la roue dentée ne donnait pas des interruptions assez fréquentes pour correspondre à l'instantanéité des courants d'induction; enfin, il constata que ce n'était pas la longueur ou le développement des spires de l'hélice d'induction qui entraînait l'accroissement de l'effet, mais bien leur multiplicité. Au lieu donc d'augmenter les dimensions de l'appareil Breguet et Masson, il les restreignit considérablement et ne chercha à augmenter les bobines d'induction que dans le sens de leur longueur. Il s'appliqua, surtout, au parfait isolement des fils qu'il noya pour ainsi dire dans la gomme lacque et adapta à l'appareil comme interrupteur le petit mécanisme de De La Rive. De plus il fit aboutir, sur des colonnes de verre, les extrémités du fil induit, pensant avec raison que le bois qui isole l'électricité voltaïque, n'isole pas du tout l'électricité statique.

Ainsi disposé, l'appareil de M. Rumkorff a fourni des résultats surprenants. L'étincelle électrique a été échangée à distance, non-seulement par la disjonction du circuit induit, mais encore en la provoquant avec un corps étranger au circuit. Les commotions avaient acquis une si grande intensité, que dix-huit personnes faisant la chaîne, ont pu les res-

sentir avec force sous l'influence d'un seul élément de Bunzen.
Enfin, en faisant passer l'étincelle ainsi produite dans l'œuf
philosophique, on a pu remarquer ce magnifique phénomène de la lumière électrique stratifiée dont on a tant parlé
cet hiver.

Tel était le point où les appareils d'induction en étaient
arrivés, quand M. Fizeau, faisant des recherches de son côté
sur ces effets d'induction, trouva le moyen de les amplifier
encore par l'interposition dans le courant inducteur d'un
simple condensateur. Dès-lors, les étincelles purent être
échangées à près de deux centimètres de distance, sous la
forme de dards bruyants et crépitants et cela en employant
seulement un élément de Bunzen.

Avec un semblable appareil les commotions sont tellement
violentes, que M. Quet faisant un jour des expériences dans
un appartement obscur, et s'étant approché trop près des fils
de l'instrument, fut renversé et aurait pu être foudroyé, sans
l'arrivée de M. Rumkorff, qui vint heureusement à temps. Il
en a été pendant quelque temps malade. La pile ne se composait pourtant que de six éléments.

Il est temps de décrire l'appareil de M. Rumkorff, ainsi
modifié, et nous allons le faire le plus clairement qu'il nous
sera possible.

Plusieurs dispositions plus ou moins élégantes ont été
adoptées par cet habile constructeur. Dans les unes la bobine
d'induction est couchée horizontalement, et l'interrupteur
est placé sur le côté, à l'un des bouts; dans les autres cette
bobine est disposée verticalement et l'interrupteur est au-
dessous. Cette dernière disposition est la plus élégante; mais
depuis que M. Rumkorff a reconnu l'efficacité des longues
bobines, il a repris l'autre disposition.

Le corps de la bobine dans ces appareils est ordinairement
en bois, et les rebords en verre, ou bien, si cette bobine

est toute en bois, elle se trouve garnie d'une épaisse couche de
gomme laque. Le fil inducteur et le fil induit, recouverts de
coton, passent avant de s'enrouler dans une bassine remplie
de gomme laque que l'on maintient dissoute dans de l'alcool
avec un léger feu. A mesure que le fil, ainsi imprégné,
s'enroule sur la bobine, on le recouvre au pinceau d'une
couche de cette même gomme laque, et on l'approche d'une
lampe à alcool afin de faire sécher. C'est là un point
essentiel, car sans cela les fils, malgré leur couche de gomme
laque, peuvent laisser passer des pluches d'une spire à l'autre
qui suffisent pour empêcher le parfait isolement. Les extrémités des deux fils ressortent des rebords de la bobine par
des tubes en verre, si ces rebords sont en bois, ou simplement par des trous, s'ils sont en verre.

Ainsi préparée, cette bobine d'induction est fixée horizontalement sur une caisse de bois dans laquelle est renfermé le condensateur de M. Fizeau. Les deux extrémités
du fil inducteur (même n° que celui de Mirand) aboutissent,
l'une à un des boutons d'attache du courant voltaïque,
l'autre au support du marteau vibrant de l'interrupteur. Le
ressort ou l'enclume sur lequel tombe ce marteau est en
rapport direct avec le second bouton d'attache.

Un peu avant le marteau et son enclume existent deux
dérivations du courant inducteur qui se terminent par deux
boutons d'attache pouvant, en tournant sur eux-mêmes,
servir d'interrupteur au besoin. Ces boutons sont placés là
pour recueillir *l'extra-courant*, c'est-à-dire, celui qui se
manifeste par les réactions seules des plis de l'hélice du courant inducteur, et dont les commotions sont beaucoup moins
fortes que celles du véritable courant d'induction. Mais ces
boutons ont un autre but : c'est d'établir la communication
métallique entre les lames du condensateur, et c'est pour remplir cette double fonction qu'ils doivent servir en même temps

d'interrupteur. Quand on veut recueillir l'extra-courant, on empêche la communication avec le condensateur; quand, au contraire, on ne s'en sert pas, on rétablit cette communication.

Le condensateur est formé de feuilles de papier d'étain, collées de chaque côté d'une longue et large bande de taffetas gommé, laquelle est repliée plusieurs fois sur elle-même. Chacune de ces feuilles représente une armure du condensateur, et le contact métallique est établi entre ces armures et les boutons d'attache de l'extra-courant, comme il a été dit précédemment. Le rôle que ce condensateur joue dans cette action physique est de *condenser* et de détruire par un effet statique, l'électricité de tension ou d'induction, qui crée précisément l'extra-courant dans le fil inducteur, et qui réagit sur le véritable courant d'induction en sens contraire du courant voltaïque. Quand ce condensateur est interposé , on voit effectivement l'étincelle de l'interrupteur diminuer d'intensité et le courant induit prendre au contraire une bien plus grande extension.

L'interrupteur de De La Rive, tel que l'emploie M. Rumkorff, est un peu différent de celui de M. Mirand. Dans ce dernier, c'est une plaque de fer fixée par un ressort à une colonnette de cuivre , qui est la pièce vibrante. Dans l'appareil de M. Rumkorff, il n'y a aucun ressort , et la pièce vibrante a la forme d'un marteau dont le manche , mince et plat, est articulé à charnière sur la petite colonnette de cuivre. Le marteau lui-même est en fer doux du côté de l'électro-aimant, et en platine du côté opposé. C'est de ce côté que se font les interruptions du courant, et cela, par l'intermédiaire d'un ressort ou enclume sur lequel tombe le marteau, quand l'électro-aimant est inactif. Cette enclume , en rapport direct avec la pile , comme nous l'avons dit, peut être plus ou moins tendue à l'aide d'une vis de pression , et peut, par conséquent, plus ou moins rapprocher le marteau de l'aimant en rendant les vibrations plus rapides ou plus lentes, suivant qu'on le juge nécessaire.

D'après ce que nous avons dit, on a déjà pu comprendre que l'électro-aimant, qui faisait agir l'interrupteur de cet appareil, était constitué par le courant inducteur lui-même, comme dans l'appareil de MM. Breton seulement, M. Rumkorff a préféré, je ne sais trop pourquoi, remplacer le fer ordinaire des électro-aimants, par un faisceau de fils de fer qu'il a soin de vernir. Il résulte de cette disposition fixe du fer électro-aimant dans la bobine d'induction, et de la fixité du circuit induit, que l'appareil ne peut guère être réglé, pour les applications médicales, que par l'extra-courant ou par la vis de l'enclume, ce qui n'est pas suffisant. Du reste, M. Rumkorff ne prétend pas le donner comme un appareil électro-médical.

*Appareil d'induction de M. Paul de Vigan.* — MM. Masson et Breguet ont été les premiers, comme nous l'avons déjà dit, qui aient eu l'idée d'employer des commutateurs à renversement de pôles, pour la régularisation des courants d'induction voltaïque; mais leur interrupteur et leur commutateur devraient être tournés à la main, comme on le fait pour les machines de Clarke, ce qui ne donnait, dès-lors, aucuns avantages aux appareils d'induction voltaïque sur les machines magnéto-électriques. M. Paul de Vigan, le premier, semble avoir résolu le problème de la mise en mouvement de ces commutateurs, par la machine elle-même. Il prétend que par ce moyen il a pu décomposer de l'eau avec un seul élément de pile; mais il n'y a dans ce fait rien de surprenant, puisqu'avec le condensateur électro-chimique de De La Rive, on peut arriver au même résultat sans redressement des courants d'induction. Quoi qu'il en soit de l'importance de cet instrument, voici en quoi il consiste :

Qu'on s'imagine l'appareil d'induction de MM. Breton.

frères, avec un commutateur à renversement de pôles, que nous allons décrire ; tel est tout l'instrument.

Ce commutateur est monté sur l'axe même du tourniquet et de l'interrupteur ; il consiste dans un cylindre d'ivoire incrusté, suivant sa génératrice de huit lames de cuivre, dont quatre sont fendues par la moitié, et isolées l'une de l'autre. Ces lames sont alternées et communiquent diagonalement entre elles (deux à deux), à l'intérieur de l'ivoire, savoir les courtes du dessus avec les courtes du dessous du côté diamétralement opposé, et réciproquement. Quatre ressorts appuient des deux côtés opposés de ce cylindre, et sont en rapport avec quatre boutons d'attache auxquels viennent aboutir les extrémités du fil induit, et les deux extrémités du circuit que l'on veut faire parcourir par le courant redressé. Enfin, les lames métalliques incrustées, sont disposées de manière à ce que les lames doubles correspondent aux pleins de l'interrupteur, et les autres aux vides.

Pour plus de clarté dans notre description, nous appellerons A et A' les deux boutons en rapport avec les extrémités du fil induit, et B et B' les autres boutons qui tiennent lieu de pôles d'une pile ; enfin, nous appellerons R et R' les ressorts frotteurs en rapport avec les boutons A et A', puis S et S' les ressorts en rapport avec B et B'.

Quand le circuit est fermé dans le courant inducteur le courant d'induction dans le fil induit est inverse au courant voltaïque, il se dirigera, je suppose, de A vers B, mais comme il doit être redressé, il faudra qu'il aille de A vers B' par l'effet du commutateur. Pour cela il ira de A par le ressort R à l'une des plaques du commutateur qui appartient à un système double puisqu'elle correspond à une fermeture du courant. De là par le fil qui joint cette plaque à celle du côté opposé, le courant passera au ressort S' et de celui-ci au bouton B' qui représentera un pôle positif. Pendant ce temps l'extrémité A' du fil induit se trouvera transportée en B par le ressort R', la plaque inférieure à celle du ressort R et le ressort S. Le bouton B devient donc le pôle négatif.

Au moment de la rupture du courant les quatre ressorts sont en contact avec deux lames d'un seul morceau ; le courant induit se trouve donc transporté des boutons A et A' en B et B', d'un côté, par les ressorts R' et S', et de l'autre, par les ressorts R et S et comme cette fois il est direct, c'est-à-dire dirigé dans le même sens que le courant voltaïque le bouton B sera pôle négatif et le bouton B' pôle positif comme auparavant. Donc les courants sont bien redressés.

*Appareil d'induction de M. Th. du Moncel.* — Etant curieux de m'assurer si les effets extraordinaires de la lumière électrique stratifiée dans l'œuf philosophique seraient les mêmes avec un appareil de M. Rumkorff à courants redressés, et désirant m'assurer si, ayant toujours le même pôle aux deux extrémités, je pourrais charger une bouteille de Leyde, j'ai fait construire un appareil dans lequel j'ai redressé les courants d'induction au moyen du mécanisme de **De La Rive**, lui-même, en le disposant de manière que l'électricité statique ne pût se perdre. Toute la différence de cet appareil avec celui de M. Rumkorff, consiste donc dans cet interrupteur transformé en commutateur à renversement de pôles, pour des courants d'électricité statique Je ferai remarquer en passant que je ne pouvais me servir du système de **M. de Vigan** à cause des frottements qui n'auraient pas assuré suffisamment l'isolement électrique dans ce cas. Voici quel est cet interrupteur commutateur :

La pièce vibrante du mécanisme n'est plus une lame à ressort ni un marteau ; c'est un grand balancier de fer doux oscillant autour de sa ligne médiane et placé par rapport au fer de l'électro-aimant, de manière à être soulevé de bas en haut sous l'influence de l'attraction exercée sur l'un des deux bras. Deux ressorts susceptibles d'être réglés à volonté au moyen de vis de pression, tendent à soulever chacun de leur côté les deux bras du balancier, mais l'un d'eux doit avoir une action légèrement prépondérante ; c'est le ressort antagoniste de l'effet magnétique ; l'autre est le ressort qui amène le courant et tient lieu de l'enclume de l'interrupteur de Rumskorff. A cet effet il est muni, ainsi que le point du balancier avec lequel il est en contact, d'une petite plaque de platine.

Jusqu'à présent, rien de nouveau dans le principe de l'interrupteur, c'est toujours celui de De La Rive, mais modifié. Pour en faire un commutateur à renversement de pôles, deux lames de verre ont été fixées aux deux extrémités du balancier, l'une en dessus, l'autre en dessous, et sur chacune de ces lames ont été vissées trois plaques de platine, dont deux placées parallèlement à l'axe du balancier, se correspondent *diagonalement* d'un système à l'autre, par l'intermédiaire de fils soigneusement recouverts de gomme laque, ou renfermés dans des tubes de verre. La troisième plaque a été placée transversalement à l'extrémité de la lame de verre sur sa surface opposée : telle est la partie mobile du commutateur.

La partie fixe se compose de quatre colonnes de verre, surmontées chacune d'une tête métallique servant de bouton d'attache et de support à deux languettes de platine à ressort, qui doivent appuyer en temps voulu sur les plaques du système mobile. Nous désiguerons pour plus de clarté ces ressorts par les lettres R et S, que nous accentuerons suivant le n° de la colonne à laquelle ils appartiennent,

Les deux extrémités de fil induit, aboutissent à deux de ces colonnes de verre ; nous les désignerons par A et A'. Les deux autres colonnes servent de boutons d'attache pour le circuit sur lequel on veut faire agir l'appareil ; elles seront

désignées par B et B'. Enfin, les ressorts R et S sont tellement disposés sur toutes les colonnes que quand le balancier
appuie sur l'enclume, les quatre plaques parallèles des deux
lames de verre sont en contact avec le ressort R de chaque colonne, tandis que quand le balancier est soulevé par l'attraction de l'électro-aimant, les plaques transversales des lames de
verre se trouvent touchées chacune par deux ressorts à la fois
et ce sont les ressorts de désignation S.

Cela posé, voyons ce qui se passe quand l'appareil fonctionne.

Supposons d'abord que le balancier appuie sur l'enclume,
alors le courant inducteur vient d'être fermé, et le courant
d'induction qui traversera le fil induit, sera inverse au courant
inducteur. Si le courant va, je suppose, de la colonne A vers
la colonne A', la colonne A' représentera, dans ce moment,
un pôle positif, et la colonne A un pôle négatif ; mais, par
le contact des ressorts R' R" avec les plaques correspon-
dantes, le pôle positif est transporté de A' en B, tandis que
par les ressorts R et R'" le pôle négatif est transporté en B'.

En ce moment, le balancier est attiré, le courant est interrompu, et un nouveau courant est né dans le fil induit ;
mais il est de sens contraire au précédent. Par le contact qui
s'opère alors entre les ressorts S S' S" S'" et les plaques
transversales, il se trouve dirigé sur les boutons B et B' ;
voyons comment : Le courant induit au moment de la fermeture du courant, allant de A vers A', va, en ce moment,
de A' vers A ; par conséquent A' représente un pôle négatif
et A un pôle positif. De A le courant passe en B par les
ressorts S et S" et la plaque, et de A' le courant passe en B'
par les ressorts S' et S'". B comme dans le premier cas,
devient donc pôle positif, et B' pôle négatif.

Ainsi, par ce mécanisme, le courant se trouve régularisé
comme dans l'autre appareil, mais sans frottement ; et comme

toutes les pièces du commutateur sont isolées avec du verre ou de la gomme laque , elles peuvent recevoir sans la perdre l'électricité de tension. Chose surprenante.... tous les phénomènes physiques que nous avons cités précédemment , se sont reproduits sous l'action de ces courants redressés identiquement, avec les mêmes caractères que quand il ne l'étaient pas. Il faut donc que dans les phénomènes d'induction où les deux courants se trouvent constamment mêlés , il y en ait un qui l'emporte tellement sur l'autre, qu'il en détruise tout l'effet.

## Chaines électro-médicales.

Nous avons vu que les courants voltaïques ne peuvent avoir une *tension* susceptible de fournir des commotions, qu'autant que les éléments de la pile qui les produisent sont en très grand nombre. D'un autre côté, nous savons que, d'après les lois de Wheatstone (voir la première partie, page 40 ), cette tension est indépendante de la grandeur des éléments. La conclusion de ces deux principes est donc qu'on peut obtenir avec un courant voltaïque direct des effets électro-médicaux, si on dispose la pile de manière à présenter un nombre considérable d'éléments distincts, quand bien même ces éléments seraient d'une grande ténuité. Les piles à colonnes de Volta sont dans ce cas; aussi donnent-elles des commotions beaucoup plus fortes que les piles à deux liquides, qui fournissent pourtant une bien plus grande quantité d'électricité. Le problème à résoudre pour rendre applicable ce moyen aux effets électro-médicaux était donc de rendre la pile de Volta très portative , très légère, d'une grande flexibilité, en un mot, d'en faire une véritable chaîne électrique. Il fallait de plus un régulateur susceptible de modérer ou d'activer les secousses. C'est ce à quoi est parvenu M. Pulfer-Macher dans ses chaînes électro-médicales.

Dans ces chaînes, les éléments zincs sont constitués par un fil de zinc enroulé en spirale et les éléments cuivre sont également composés d'un fil de laiton enroulé dans l'espace vide laissé par les spires du fil de zinc. Le tout est enroulé sur de petits morceaux de bois unis en **chaînette par des** crochets zinc et cuivre où aboutissent les extrémités des fils de chaque élément. En mouillant une pareille chaîne avec de l'eau acidulée ou avec du vinaigre, on peut la mettre en action et obtenir des commotions qui durent tout le temps que la chaîne est humide. Mais le point essentiel pour qu'une pareille chaîne puisse fonctionner, c'est que les deux fils zinc et cuivre ne se touchent pas, quoiqu'étant très rapprochés l'un de l'autre, et c'est en cela surtout que M. Pulfer-Macher a fait preuve d'une grande habilité de constructeur.

Les chaînes électro-médicales sont plus ou moins longues, suivant le nombre d'éléments qu'on désire qu'elles possèdent. Les plus fortes décomposent parfaitement l'eau dans un voltamètre. Elles sont généralement accompagnées des divers accessoires dont nous avons parlé au sujet de la machine de MM. Breton frères : tels que pinceaux, éponges, plaques, boules électriques, etc.

L'appareil régulateur au moyen duquel M. Pulfer-Macher gradue les commotions est fondé sur ce principe dont nous avons déjà parlé au commencement de ce chapitre: qu'un courant voltaïque d'une tension suffisante, produit des commotions d'autant plus fortes qu'il est plus fréquemment interrompu ; c'est pourquoi les machines magnéto-électriques, en outre de leur système interrupteur par la rotation de l'armature de fer doux, sont munies d'un interrupteur spécial pour le courant induit.

En conséquence de ce principe, M. Pulfer-Macher interpose donc le courant fourni par ses chaînes, un mécanisme d'horlogerie dont la vitesse peut être graduée à volonté. Ce mécanisme réagit sur un interrupteur et par conséquent peut rendre les interruptions plus ou moins multipliées.

Ce système d'appareil électro-médical possède des avantages que n'ont pas les autres. D'abord, au moyen de l'interrupteur précédent, ils peuvent fournir des commotions suffisamment fortes, pour être employés dans les mêmes cas que ceux dont nous avons parlé précédemment; mais en outre de cet usage, leurs effets lents et continns (sans l'interrupteur), peuvent être utilisés dans une foule de cas qui, au premier abord, ne semblent présenter aucun rapport avec l'action électrique, par exemple pour les fièvres tierces très-intenses qui ont résisté aux doses les plus fortes de quinine. Du reste, la faculté que ces chaînes possèdent de pouvoir envelopper elles mêmes la partie du corps sur laquelle on veut agir et d'être si facilement transportables, en fait pour la médecine un des instruments les plus précieux de l'art moderne.

# IV.

## Appareils fondés sur les réactions de l'électricité atmosphérique.

L'évaporation, l'acte de la végétation, la combustion et la plupart des effets physiques ou chimiques qui se manifestent à la surface de notre globe, donnent lieu à un dégagement permanent d'électricité qui est plus ou moins abondant, suivant les différentes saisons. Ainsi, par les plus beaux temps, quand le ciel est sans nuages, toutes les couches de l'air atmosphérique sont chargées d'électricité. Ce fait constaté pour la première fois en 1752, par Le Monnier, membre de l'Institut, a été confirmé ensuite par Saussure et par tous les physiciens qui ont fait des recherches sur l'électricité atmosphérique. Il est, de plus, résulté de leurs savantes et ingénieuses expériences.

1° que l'air serein en pleine campagne, loin des arbres et des maisons, est presque toujours chargé d'électricité positive, très rarement d'électricité négative ;

2° Que dans le cours de la journée, l'électricité atmosphérique atteint deux maxima et deux minima. Les maxima ont lieu quelques instants après le lever du soleil et quelques instants après son coucher. L'un des minima se montre en général vers 2 ou 3 heures de l'après-midi , tandis que l'autre a lieu pendant la nuit ;

3° Que l'électricité atmosphérique augmente à mesure qu'on s'élève dans l'atmosphérique ;

4° Qu'en hiver, l'électricité atmosphérique paraît beaucoup plus intense que pendant l'été ;

5° Que quand le ciel est couvert de nuages, l'électricité atmosphérique change souvent de signe dans le cours de la journée, sans doute parce que les nuages sont chargés , les uns d'électricité positive, les autres d'électricité négative.

Dans ces derniers temps, on a fait des recherches plus minutieuses encore, et on a constaté dans l'atmosphère, en outre de cette électricité qui la remplit et qui se trouve à l'état statique, des courants électriques atmosphérique. M. De La Rive, de Genève, a même établi sur tous ces phénomènes une théorie très ingénieuse à laquelle serait lié le phénomène des aurores boréales. Nous n'entrerons dans aucun détail à cet égard, car ce serait nous écarter considérablement du but que nous nous sommes proposé; qu'il nous suffise d'ajouter à ces quelques considérations sur l'électricité atmosphérique, quelques détails sur les effets de la foudre auxquels se rapportent la plupart des appareils dont nous allons maintenant parler.

Ce n'est qu'en 1749 que Franklin commença à expliquer

les phénomènes de la foudre d'après les principes électriques, et pour prouver d'une manière indubitable son hypothèse, il lança dans l'année 1752 son fameux cerf-volant électrique qui fut sur le point de lui coûter la vie. Avec cet appareil, il attaqua les nuages orageux eux-mêmes, et put leur pomper une assez grande quantité d'électricité pour obtenir des étincelles d'une certaine longueur. En 1757, M. de Romas employant un moyen analogue pût tirer des lames de feu de trois à quatre mètres de longueur sur dix à douze centimètres d'épaisseur. Ces lames de feu qui se succédaient avec une grande rapidité, produisaient à chaque décharge un bruit semblable à un coup de pistolet. Après ces expériences et beaucoup d'autres encore les phénomènes de la foudre purent être facilement expliqués, et ce fut alors que Francklin conçut la magnifique idée d'annuller les effets désastreux de ce terrible élément, en lui opposant ses réactions physiques elles-mêmes.

Ainsi l'atmosphère, en outre de l'électricité à l'état libre qui s'y trouve en tous temps répandue, peut se trouver chargée, dans certaines circonstances et sur des points limités de son étendue, d'une dose considérable d'électricité, et cette électricité dégagée sous l'influence de réactions physiques toutes locales, se trouve portée par les nuages orageux.

Comme les circonstances dans lesquelles s'opèrent ces dégagements subits d'électricité sont différentes, et que les réactions par influence s'exercent entre les nuages électrisés et ceux qui ne le sont pas, il arrive le plus souvent que des différents nuages se trouvent chargés d'électricités contraires. Les uns possèdent de l'électricité positive, les autres de l'électricité négative. Il en résulte que quand ces nuages se trouvent en présence les uns des autres, il y a combinaison entre leurs électricités et par conséquent décharge électrique. De là des éclairs avec accompagnement de tonnerre. Mais

ces éclairs, que l'on peut facilement distinguer dans ce cas
à la lueur diffuse à laquelle ils donnent lieu et qui apparais-
sent derrière un premier rideau de nuages, ne sont pas dangereux car la réaction électrique s'opère alors de nuages à nuages
dans les régions élevées de l'atmosphère. Malheureusement
il n'en est pas toujours ainsi, et les éclairs peuvent être
échangés des nuages à la terre. Alors des désastres plus ou
moins graves peuvent être causés. Dans ce cas la réaction
électrique se fait par influence. Le nuage orageux qui sera,
je suppose, chargé d'électricité positive décompose par influence les électricités à l'état naturel du point du globe le
plus voisin, et l'électricité négative étant attirée en ce point
provoque une décharge, absolument comme dans le cas de
deux nuages électrisés différemment. Mais un fait important
à constater, c'est que la réaction électrique se porte toujours
de préférence sur les corps les plus rapprochés du nuage
orageux, par conséquent, sur les objets élevés ou, à distance
égale, sur les corps meilleurs conducteurs, parce que d'un
côté l'effet par influence est plus énergique, et de l'autre
la décomposition des électricités du corps influencé se fait
plus facilement.

## Paratonnerres.

D'après ce que nous venons de voir, le tonnerre frappe
directement les corps conducteurs ; s'il frappe quelquefois les corps non conducteurs, c'est toujours d'une manière
indirecte, et pour arriver aux corps conducteurs dont les
électricités ont été décomposées par influence. Une maison,
un édifice peuvent être frappés indirectement à raison du
sol sur lequel ils se trouvent; ou directement à raison des
conducteurs dont ils se composent. Les conducteurs sont surtout les métaux de toute espèce, apparents sur les couvertures,

dans les appartements, ou cachés soit dans les charpentes,
soit même dans les maçonneries ; puis les tuyaux des chemi-
nées où le feu est allumé, car l'air chaud et humide est un
assez bon conducteur. Les nuages orageux agissent par
influence sur tous ces corps, et pour les préserver d'une
décharge foudroyante, il ne s'agit pas de prévenir la réaction
électrique, ce qui serait impossible, mais seulement de
l'atténuer en la déplaçant. Tel est tout le principe du paratonnerre.

Le paratonnerre se compose d'une *tige* métallique pointue
de 9 mètres de longueur, placée verticalement plus haut que
tous les objets qu'elle doit protéger, et d'un *conducteur*
pareillement métallique établissant une communication parfaite entre la base de la tige et le sol humide.

La tige est en fer, ronde à sa base, puis carrée et dimi-
nuant d'épaisseur jusqu'au sommet. On la compose, en
général, de trois pièces assemblées à clavettes et très étroite-
ment réunies. La pièce supérieure est une tige de laiton de
60 centimètres de longueur qui porte à son sommet une
aiguille de platine de 5 centimètres, soudée à l'argent ; la
soudure est renforcée pour plus de solidité d'un manchon de
laiton.

Les tiges de paratonnerre sont ordinairement fixées sur la
charpente de l'édifice et se trouvent soutenues, soit contre
une pièce verticale par des étriers, soit contre une jambe de
force de la charpente sur laquelle elle se trouve boulonnée,
soit enfin sur le faîtage lui-même.

Le conducteur doit être fixé à la base de la tige par un
collet à charnière joignant très hermétiquement, pour que la
rouille ne vienne pas établir là une solution de continuité
qui serait des plus funestes. Il se compose d'un câble de fils
de fer ou de fils de cuivre ou simplement d'une tringle continue de fer rond ou carré et doit être isolé de la couverture

et des corniches, non pas à cause des effets électriques, mais seulement à cause des effets mécaniques résultant de l'action du vent. Après l'avoir bien fixé à la tige, il ne reste plus à remplir qu'une condition non moins importante, c'est de le faire communiquer au sol avec assez de perfection; pour cela, il est nécessaire de le faire descendre au fond d'un puits, où l'eau ne manque jamais  On comprend qu'une citerne ne produirait aucunement le même effet, puisque l'eau de la citerne est séparée du sol par des enduits secs et mauvais conducteurs; ainsi, le fluide repoussé ne pourrait pas se perdre dans le sol. Dans les lieux où l'eau manque absolument, on est réduit à faire dans le sol de longues tranchées, que l'on remplit de braise et dans lesquelles on prolonge le conducteur en le ramifiant, pour favoriser l'écoulement du fluide. La braise conduit mieux que le charbon.

Quelques mots suffiront maintenant pour faire comprendre comment agit le paratonnerre, et comment il protège à une certaine distance autour de lui. On estime, en général, qu'il protège dans un rayon d'environ deux ou trois fois la longueur de la tige.

Le nuage orageux décompose les fluides de la tige du paratonnerre plus énergiquement que ceux de tous les objets voisins; il attire à la pointe le fluide de nom contraire et repousse dans le sol le fluide de même nom, le fluide attiré s'échappe par la pointe, et va neutraliser en partie l'électricité du nuage, comme une pointe en présence des conducteurs de la machine, détruit leur état électrique. Cependant, l'efficacité du paratonnerre est encore mieux assurée quand tous les corps conducteurs qu'il doit protéger, sont mis en communication avec lui, puisque alors leurs fluides décomposés ne peuvent plus s'accumuler pour prendre une grande tension, l'un s'écoulant dans le sol, l'autre par la pointe elle-même du paratonnerre.

## *Parafoudres.*

Nous avons déjà eu occasion de parler au sujet des accessoires de la télégraphie électrique des parafoudres ; mais
nous n'avons alors traité cette question que vaguement,
désirant l'étudier d'une manière plus complète dans ce chapitre réservé aux réactions de l'électricité atmosphérique.

*Parafoudre de M. Walker.* — Comme les paratonnerres,
les parafoudres ne peuvent être qu'un dérivatif des réactions
de l'électricité atmosphérique. En conséquence, le problème
à résoudre dans ces appareils était d'ouvrir en dehors de la
ligne télégraphique une voie électrique assez directe et assez
facile pour être suivie de préférence par l'électricité de
tension, mais suffisamment résistante pour ne pas occasion-
ner une déperdition de force de la part du courant. M.
Walker a résolu ce problème de la manière suivante :

Un cylindre de cuivre mis en communication directe avec
le sol est fermé à ses deux extrémités par deux disques de
bois, surmontés chacun d'un disque de cuivre. L'un de ces
disques est en rapport avec le fil de la ligne et se trouve
armé de pointes disposées circulairement en face du bord du
cylindre qui lui correspond. L'autre disque est en rapport
avec l'appareil télégraphique et se trouve à portée de pointes
métalliques dont le cylindre se trouve armé à son tour de ce
côté. De plus, ces deux disques sont en communication
directe par une tige transversale qui les unit à l'intérieur du
cylindre. Cette tige porte deux disques armés de pointes, et
ces pointes font face à la surface interne du cylindre. Un peu
au-dessous de ces disques hérissés de pointes et toujours à
l'intérieur du cylindre, est une bobine de bois sur laquelle
est enroulé un fil très fin (beaucoup plus fin que celui des
appareils). Ce fil établit une relation entre le fil de la ligne et
un autre fil se terminant aussi près du sol qu'il est possible.

plus près de fait qu'aucune partie métallique de l'appareil télégraphique.

Avec cette disposition, l'électricité de tension conduite dans l'appareil, peut réagir par les pointes sur le cylindre enveloppe et provoquer de la part de la terre une neutralisation qui, si elle n'est pas suffisante, se trouve complétée par la fusion du fil fin entourant la bobine de bois.

*Parafoudre de M. Steinheil.* — Dans le système de M. Steinheil, les deux pignons de la cabane qui sert de poste télégraphique sont munis de deux conducteurs en pointe, communiquant avec le sol par un fil conducteur et c'est sur le haut du toit que se trouve installé le parafoudre. Celui-ci consiste dans deux plaques de cuivre carrées, d'environ six pouces de côté. Le fil conducteur est brisé et se rattache de chaque côté normalement aux deux plaques. Ces plaques posées sur une base isolante en faïence ou en porcelaine sont séparées l'une de l'autre par plusieurs plis d'étoffe de soie. Une cloche défend de la pluie. Deux fils assez fins soudés aux plaques, conduisent le courant à l'appareil télégraphique. Ce courant a toujours trop peu de tension pour vaincre l'isolement des plaques et passer d'une plaque à l'autre directement; il viendra donc par un fil aux appareils et retournera par l'autre au fil conducteur. L'électricité atmosphérique au contraire, ne trouvera pas assez d'issue par ces fils fins et sautera directement d'une plaque à l'autre. Les appareils et les employés seront donc à l'abri de tout danger. En effet, dans les lieux où cette disposition a été prise, on n'a jamais vu, même pendant les plus grands orages et les coups de tonnerre les plus effrayants, ni étincelles, ni bruit se produire dans les fils pui mettent en jeu les indicateurs.

*Parafoudre de M. Fardely.* — Le système de M. Fardely consiste à interrompre au dernier poteau, distant du cabinet de quatre à cinq mètres, le fil conducteur et à faire entrer l'appareil télégraphique dans un circuit formé par des fils de cuivre très fins, soudés au fil conducteur principal des deux côtés du poteau. Toute forte décharge d'électricité atmosphérique sautera d'un bout du gros fil à l'autre, ou, dans le cas le plus défavorable, fondra les petits fils de cuivre qui communiquent directement aux appareils, de sorte que ceux-ci seront toujours épargnés : on peut d'ailleurs au moyen d'un interrupteur, couper le circuit quand l'orage apparaît.

*Parafoudre de M. Meismer.* — L'appareil employé par M. Meismer sur la ligne du grand-duché de Brunswick est à peu près le même, sauf quelques détails de construction, que celui de M. Steinheil, seulement au lieu d'être placé sur le haut du toît du poste télégraphique, il se trouve dans le cabinet lui-même et le fil de la ligne avant d'y arriver passe dans des tuyaux de fer enfouis en terre et traversant la muraille.

On a essayé de remplacer les parafoudres à plaques, par des parafoudres à pointes, mais en général, ils ont beaucoup moins bien réussi.

### *Électro-subtracteurs.*

Tout le monde connaît l'ingénieuse théorie de Volta sur la grêle, et le petit appareil au moyen duquel cet illustre savant croyait démontrer ce phénomène; mais ce que l'on sait moins, c'est que, d'après des recherches nouvelles faites par les plus habiles météorologistes modernes, la grêle ne se forme pas dans les circonstances qu'avait supposées Volta. Il paraît même que l'action électrique n'est pas une cause déterminante de sa formation, mais seulement une suite ou plutôt un accompagnement de sa création. Quoiqu'il en soit, tous les savants ne sont pas encore convaincus, et la théorie posi-

tive de ce phénomène si curieux et en même temps si terrible
est loin d'être établie d'une manière incontestable.

M. Dupuis-Delcourt, l'habile aéronaute, est de ceux qui
croient que l'électricité joue le plus grand rôle dans la formation de la grêle, et, en conséquence, il a pensé que si l'on
trouvait moyen de soutirer incessamment l'électricité de l'atmosphère, on préviendrait la naissance et par suite les ravages
de ce fléau destructeur; mais pour cela il faut, dit-il, atteindre
constamment à des hauteurs de 1500 à 2000 mètres en l'air
et même quelquefois plus, enfin il faudrait habiter la région
où se forment les nuages.

Dans ce but il propose un instrument auquel il a donné
le nom d'*électro-subtracteur*, et qui selon lui réunit toutes
les conditions voulues pour soutirer l'électricité atmosphérique d'une manière constante et efficace dans le cas en
question. Quoique n'étant pas de l'opinion de ceux qui
croient à la théorie de Volta, et par conséquent n'étant pas
convaincu de l'efficacité du moyen proposé par M. Delcourt,
j'ai pensé que les considérations curieuses qui accompagnent
la description de cet instrument seraient fort intéressantes à
connaître même de ceux qui ne partagent pas son opinion;
en conséquence, j'ai cru devoir reproduire ici une partie de
l'article publié dans l'*Illustration* du 8 juin 1850, sur cet
instrument.

*Electro - subtracteur de M. Dupuis-Delcourt.* — Cet
électro-subtracteur consiste principalement dans un cylindre étroit et long, garni de pointes métalliques et terminé
par deux formes coniques. Rempli de gaz hydrogène, il s'élève
dans l'air à mille ou quinze cents mètres de hauteur, quelquefois plus; il est retenu captif par une ou plusieurs cordes
semi-métalliques, établissant, à la façon des paratonnerres,
la communication libre et non interrompue du fluide électrique entre l'atmosphère et la terre. Toute autre forme que

celle du cylindre terminé par les cônes pourrait être employée : celle-ci cependant offre l'avantage de permettre à la machine tous les mouvements que pourraient lui imprimer les vents et l'état de l'atmosphère. L'instrument est réuni aux cordes par un système de suspension libre et articulée, et, grâce à ce système, il pivote librement sur son axe, comme le fait une girouette. Ainsi que le cerf-volant de l'enfant, par le fait de son inclinaison calculée, il résiste et tend à s'élever sous l'effort du vent. — Les cordes de soutènement sont passées en double dans des anneaux fixés à la quille et aux autres parties solides de la machine, de manière à se régler d'elles-mêmes. La quille est une tringle en bois fort et léger de 5 a 7 centimètres de largeur, régnant à la base du cylindre sur toute sa longueur et servant à relier entre eux les cercles également en bois qui le revêtent et le divisent extérieurement. L'instrument peut être construit en métal, fer étamé ou galvanisé, en cuivre ou en carton continu, ou bien en toile, en soie ou toute autre étoffe flexible, caoutchoutée ou vernie. L'emploi de ces différentes enveloppes dépend des dimensions de l'instrument et de l'application qui doit en être faite.

L'articulation qui relie l'électro-subtracteur aux cordes de retenue, établissant la communication entre l'atmosphère et le sol, est une pièce analogue à celle qui termine le porte-mousqueton. Elle se compose de deux anneaux de forme différente adhérant entre eux par une queue rigidement fixée à l'anneau supérieur et rattachée à l'anneau inférieur par un boulon et une clavette qui lui laisse la liberté de se mouvoir en tous sens.

Voici donc le ballon construit ; il est lancé et va occuper dans l'atmosphère la place que la science lui a assignée : mais la température peut varier, les vents peuvent souffler violemment et enlever l'instrument dans une région supérieure ; comment résistera-t-il ? Comment surtout restera-t-il en communication avec la terre, et comment pourra-t-on s'opposer à ce qu'il s'élève de telle sorte que l'air se raréfiant, le gaz contenu dans l'enveloppe cédant à sa force d'expansion, ne fasse pas explosion ? Nous avons dit qu'il était muni de cordes destinées à le mettre en communication avec le sol. Ces cordes sont terminées par une série de chaînons d'un poids considérable que M. Dupuis-Delcourt nomme *lest mobile*. Ces chaînons reposent dans les puits destinés à condenser et à retenir, pour en régler l'écoulement, le fluide soustrait à l'atmosphère. Ce lest mobile se soulève ou s'abaisse par la dilatation ou la condensation de l'hydrogène contenu dans la machine, ou par l'effet momentané du vent sur sa surface, et ramène invariablement à sa place l'électro-subtracteur. — Dans les machines de petites dimensions, un ressort à boudin, d'une force proportionnée à celle de l'instrument, remplace ce lest mobile. — L'électro-subtracteur enfin est muni d'une soupape de sûreté fonctionnant d'elle-même et s'ouvrant du dedans au dehors sous la pression d'un ressort. Cette soupape, analogue à celles qu'on voit sur les générateurs des machines à vapeur, est destinée à empêcher la rupture de l'enveloppe dans le cas d'une dilatation subite et imprévue du gaz qu'elle contient.

Si l'on a bien saisi la description de la machine de M. Dupuis-Delcourt, on comprendra qu'elle doit agir tout à la fois comme un paratonnerre et comme un cerf-volant électrique! si donc on peut s'élever à 4,500 mètres, comme le paratonnerre préserve de la foudre les objets qui se trouvent à une distance égale à deux fois sa hauteur, le terrain préservé serait compris dans un cercle dont le diamètre serait de 6,000 mètres. Il suffirait donc d'un nombre limité de ballons convenablement espacés pour garantir du fléau toute une contrée. Notre conviction est qu'il y a là une expérience d'une haute portée à tenter.

Mais ici se présente la question de dépense, et c'est la grosse question : car dès que l'on veut sortir des expériences de laboratoire ou de cabinet de physique, la dépense nécessaire s'accroît dans une proportion qui la rend trop souvent inaccessible à la plupart des expérimentateurs. Cependant, pour le cas qui nous occupe, la question est assez grave pour justifier un sacrifice pécuniaire de tous ceux qui ont à cœur l'amélioration des conditions générales d'existence de la France. La grêle, nous l'avons dit, est un fléau destructeur, et certaines contrées semblent vouées périodiquement à ses ravages; mais ce que peu de personnes savent, c'est le chiffre des pertes annuelles dues à la grêle. Ce dommage s'élève annuellement en France, en moyenne, de 30 à 40 millions de francs. En 1845, dix compagnies d'assurance contre la grêle ont couvert 192 millions de valeurs, et le chiffre des sinistres éprouvés par les assurés s'est élevé à 1,827,960 francs : c'est donc à peine le vingtième des dégâts causés par la grêle.

Dans cet état de choses, M. Dupuis-Delcourt s'est adressé au gouvernement et lui a proposé l'application de son électro-subtracteur. Il pose en fait qu'un seul de ses instruments peut préserver 100,000 hectares de terrain; il est facile de voir combien il en faudrait pour toute la France, dont la superficie est de 52 millions d'hectares. Il n'en faudrait que 520. Chaque instrument ayant des dimensions convenables coûte environ 30,000 fr. Ce serait donc une somme totale de 15 600,000 fr. à dépenser. Ne pourrait-on imaginer une assurance omnibus qui couvrît la surface entière de la France, et dont le chiffre, minime pour chacun, permettrait de faire cette construction? En imposant chaque hectare à 30 centimes, on arrive exactement à ce chiffre : mais cette somme ne serait nécessaire qu'une seule fois; l'absence de sinistres permettrait de la réduire beaucoup et de ne prélever que ce qui serait indispensable pour le renouvellement des instruments.

*Electro-subtracteurs utilisés à l'agriculture.* — Les curieuses expériences faites dès 1746 par M. Maimbury, d'Edimbourg, et répétées depuis par MM. Jallabert, Boze et l'abbé Menon, sur les effets de l'électricité par rapport à la végétation, expériences qui ont prouvé de la manière la plus claire l'activité merveilleuse que cet élément si extraordinaire donne aux végétaux, ont fait penser à appliquer en grand l'électricité à l'agriculture, et on a cherché pour cela à la soutirer de l'atmosphère, par l'intermédiaire de paratonnerres nombreux implantés à l'extrémité de longues perches en différents points des champs cultivés. Plusieurs expériences ont été faites en Angleterre et ont été couronnées de succès; mais celles qu'on a faites en France, à la ferme de Grignon, sont demeurées sans résultat. Quoiqu'il en soit, le principe étant vrai en lui-même, on peut en conclure que si les expériences tentées n'ont pas toujours réussi, c'est que l'on ne s'était pas placé dans des conditions convenables. Il ne faudrait donc pas se décourager dès le début sur une application dont les résultats seraient immenses puisqu'il y aurait à la fois accélération dans la poussée des plantes, accroissement dans leur volume et supériorité dans leur qualité.

M. Dupuis-Delcourt prétend qu'avec ses électro-subtracteurs le fluide électrique se trouverait emmagasiné en si grande quantité à l'extrémité des chaînes de retien des appareils, qu'il pourrait servir d'engrais et d'amendement pour la petite et la grande culture.

# CONSIDÉRATIONS

SUR LA MANIÈRE DONT IL CONVIENT D'ENVISAGER

LES EFFETS STATIQUES ET DYNAMIQUES

# DES AIMANTS.

Les quelques objections qui ont été faites sur plusieurs points de ma théorie du magnétisme statique et du magnétisme dynamique, principalement sur la distinction que j'admets dans les effets des aimants, m'ont prouvé que je ne m'étais pas assez clairement expliqué et que malgré les quatre Mémoires que j'ai envoyés à l'Institut, sur cette question, je ne m'étais pas assez attaché à démontrer le fait en lui-même. Je vais donc remplir cette lacune en divisant cette fois mon travail en trois parties, savoir : *1° Ce que peut être l'effet statique des aimants; 2° Ce que peut être l'effet dynamique; 3° Comment la différence des deux effets peut être constatée.*

1° CE QUE PEUT ÊTRE L'EFFET STATIQUE DES AIMANTS.

L'effet statique, dans le cas qui nous occupe, doit s'enten-

dre de l'action exercée par une force pour en créer une autre
diamétralement opposée qui lui fasse *équilibre*. C'est assez
dire que quelque soit cette action, elle a pour effet subséquent
*un état de repos* entre les forces agissantes. Dans l'électricité
statique cet effet peut se manifester de deux manières différentes : par la neutralisation des deux fluides ou par leur
condensation quand un corps non conducteur interposé entre
eux empêche leur neutralisation. Dans ce dernier cas, les
fluides sont maintenus développés, *l'un par l'autre*, à l'état
de repos ou *statique;* car ils sont en quelque sorte dans le
cas de la pesanteur à l'égard des plateaux d'une balance
équilibrée; la pesanteur tend à les abaisser individuellement
tandis que leur contre poids réciproque tend à les soulever, et
pourtant la balance ne bouge pas.

Dans les aimants, les fluides magnétiques, ou si l'on veut,
les fluides électriques, ne peuvent se déplacer *en masse,*
comme cela a lieu quand on développe sur les corps de l'é-
lectricité statique; la preuve, c'est qu'en coupant un aimant
suivant sa ligne neutre, les deux bouts séparés ne possèdent
pas exclusivement le magnétisme de leur pôle respectif, tout
au contraire, deux aimants indépendants se sont aussitôt
formés. Par conséquent, si un effet statique se manifeste soit
entr'eux, soit à l'égard des corps magnétiques non aimantés,
cet effet doit être analogue à celui par lequel les deux électricités sont maintenues l'une par l'autre, dans un condensateur, et il doit en résulter qu'une portion des fluides en
*activité*, si ce n'est la totalité, doit être maintenue à l'état
de repos. Or, cet état est bien différent de celui dans lequel
on suppose les fluides magnétiques des aimants, puisqu'ils
sont avec raison supposés en mouvement, et constituer un
courant magnétique.

Ainsi, pour nous, l'effet statique d'un aimant sera l'action
qui tendra à suspendre la marche du courant magnétique,

en laissant développés au point de contact de l'aimant avec
son armature, des fluides à l'état de repos, mais isolés l'un
de l'autre par la force coërcitive, laquelle tiendra lieu du
corps isolant qui est interposé entre les deux fluides électriques dans un condensateur.

Comment supposer à la force coërcitive cette propriété ?
C'est une question qui ressort elle-même de la théorie
d'Ampère, car on est bien forcé de l'admettre dès qu'on
suppose un aimant constitué par un courant circulant en spirale normalement à son axe. D'ailleurs cette action n'a rien
de plus surprenant que le fait de la permanence de l'électricité développée par la chaleur dans une tourmaline, et par
la pression dans la chaux carbonatée.

### 2° CE QUE PEUT ÊTRE L'EFFET DYNAMIQUE DES AIMANTS.

Un aimant est constitué par un courant magnétique circulant en hélice autour de sa ligne axiale, et ce fait est démontré par toutes les réactions des courants à leur égard,
réactions qui sont identiquement les mêmes lorsque les aimants sont remplacés par des solénoïdes. Mais en outre de
leur vertu magnétique, en outre de ce courant incessant qui
les traverse dans une direction constante et déterminée, ils
doivent posséder les propriétés de la *matiére magnétique*
dont ils sont formés. C'est ainsi et parc eque l'acier est un
métal qu'un aimant peut parfaitement servir de conducteur
à un courant électrique sans que son magnétisme en soit
altéré. C'est ainsi qu'un morceau d'acier trempé pourra servir
de conducteur à un courant sans s'aimanter, tandis que s'il
n'en reçoit que l'*influence*, il deviendra un aimant(1). On peut
donc déjà en conclure que le courant magnétique pourra
agir dynamiquement comme les courants voltaïques dans les

(1) Voir mon Mémoire sur le magnétisme statique et dynamique, p. 50.

mêmes conditions, en partant de ce principe qu'un aimant est un solénoïde dans lequel le courant marche de l'est à l'ouest dans le sens zénithal, mais qu'en outre il pourra recevoir l'effet exercé par un autre aimant sur sa matière.

D'ailleurs on sait que le point de saturation magnétique d'un aimant est loin de répondre à l'état magnétique qu'il est susceptible de prendre temporairement. Un barreau d'acier enveloppé d'un solénoïde pourra porter, je suppose, un poids de 60 kilog., sous l'action d'un courant, et ne plus en porter que 10 quand le courant n'agira plus, et même que 5 quand il sera arrivé au point de saturation. Donc, bien qu'un aimant soit aimanté à saturation, il peut recevoir une influence magnétique étrangère à la manière des corps magnétiques non aimantés, surtout si cette influence agit au-delà du point de saturation; c'est ce qui fait que la force répulsive des aimants est toujours moindre que la force attractive.

L'effet dynamique d'un aimant sera donc pour nous l'effet du courant magnétique agissant à *distance comme courant,* et sans avoir sa marche altérée par des réflexions magnétiques étrangères sur la matière dont l'aimant est formé; réflexions que nous considérons alors comme donnant lieu à des effets statiques.

### 3° COMMENT LA DIFFÉRENCE DES DEUX EFFETS PEUT ÊTRE CONSTATÉE.

L'acception des désignations, *effets statiques* et *effets dynamiques,* étant bien arrêtée, voyons comment nous pourrons les constater ou plutôt les distinguer dans les diverses réactions magnétiques qui se manifestent. Mais pour cela, examinons d'abord comment il nous est possible *d'isoler* les deux effets, tout en maintenant *identiques* les conditions de l'expérimentation.

L'attraction du fer par un solénoïde nous fournit un moyen bien simple d'étudier la question.

Si une bobine de cuivre est entourée d'un solénoïde, c'est-à-dire, d'une certaine quantité de fil métallique enroulé en spirale, un cylindre de fer que l'on commencera à introduire à l'intérieur de la bobine, se trouvera entraîné avec force jusqu'à ce que ses deux extrémités soient symétriquement placées par rapport aux pôles du solénoïde. Or, cette attraction résulte des réactions réciproques de deux courants parallèles marchant dans le même sens, savoir : le courant voltaïque circulant dans le fil d'une part, et de l'autre, le courant magnétique créé dans le fer sous l'influence du courant électrique (1). C'est donc bien un effet dynamique qui se manifeste dans cette circonstance, et cet effet dynamique est dégagé de toute réaction statique, puisqu'aucune réflexion magnétique n'est échangée entre l'aimant et le solénoïde.

Si au lieu d'une bobine de cuivre on prend une bobine de fer doux, entourée d'un solénoïde semblable, deux effets différents peuvent se manifester, mais ils sont toujours contraires à celui dont nous venons de parler. Si le cylindre mobile est posé dans l'intérieur du canon de manière à toucher la paroi, il y est fortement collé. Si, au contraire, il y est librement suspendu de manière à ce qu'un bout dépasse l'un des pôles du solénoïde, il est précisément *repoussé* de ce côté.

Le canon de fer en devenant *aimant*, sous l'influence du courant voltaïque, change donc les conditions dynamiques du mouvement du cylindre mobile, c'est-à-dire que la réaction de courants à courants n'a plus lieu, ou si elle a lieu, c'est une influence de pôles qui agit en sens contraire de l'action

(1) Voir mon mémoire, sur cette question, inséré dans les *Comptes rendus* de l'Institut du 15 avril 1852.

primitive. Pourtant, *dans les trois cas, ce sont des pôles de même nom qui se trouvent toujours en présence du même côté*, tant pour le solénoïde que pour le canon de fer de la bobine et le cylindre qui s'y trouve enfoncé.

Pour qu'aucune action d'entraînement à l'intérieur de la bobine ne soit produite dans le cas de l'adhésion du cylindre de fer au canon aimanté, il faut que le courant magnétique créé dans le fer, soit ou paralysé dans son mouvement, ou distribué d'une manière telle que l'hélice magnétique soit composée de deux portions contraires au moment où le cylindre est introduit; c'est ce qui arrive dans le cas où un cylindre de fer est soumis par son milieu, à l'action d'un seul pôle d'un aimant. Mais, s'il en était ainsi, il n'y aurait pas répulsion dans le cas de la non-adhérence, car alors deux pôles de même nom se trouveraient aux deux extrémités du cylindre, et celui de ces pôles qui serait au dedans du canon, serait attiré par le pôle de ce canon, en face duquel il serait placé. Or nous avons vu que précisément il était repoussé. Il faut donc que par l'effet de l'adhérence magnétique, le courant créé dans le cylindre mobile ait été paralysé et ait permis à l'effet statique de l'emporter sur l'effet dynamique.

Le même effet se manifeste avec une bobine de cuivre lorsque le fil de l'hélice dont elle est entourée est en *fer*. C'est alors la réaction du cylindre mobile devenu aimant sur le fer à l'état naturel du circuit, qui détermine l'effet statique et par suite la suspension du courant magnétique dans le cylindre de fer qui ne bouge pas.

L'exemple suivant va nous montrer comment les deux effets peuvent se trouver distincts dans une même réaction magnétique.

Tout le monde sait qu'un aimant que l'on approche d'un solénoïde fermé, crée dans le fil de ce solénoïde un courant d'induction qui est *inverse* au courant magnétique, au mo-

ment où l'aimant entre dans le solénoïde, et qui est *direct*
au moment où on l'en retire. C'est le même effet que celui
par lequel un solénoïde traversé par un courant voltaïque
crée dans un autre solénoïde fermé qui le recouvre, un
courant d'induction, lequel est inverse à la direction du
courant voltaïque, quand celui-ci est fermé, et direct, quand
il est interrompu. Or, si sur les branches d'un aimant persistant en fer à cheval, on place des bobines d'induction, on
trouve qu'au moment où une armature de fer doux passe
devant les pôles de l'aimant, le courant d'induction est *direct*
avec le courant magnétique, et qu'il est *inverse* au moment
où elle s'en éloigne. L'armature joue donc en quelque sorte
le rôle d'interrupteur du courant magnétique.

Pour expliquer cette interruption du courant magnétique,
il faut de toute nécessité admettre l'interruption d'un effet
statique produit par l'armature; car, comment peut-on supposer qu'une semblable action puisse être exercée sur un
courant continu permanent et indéfini dans son circuit, si
ce n'est par la *condensation* des fluides successivement
développés dans les différentes tranches moléculaires du circuit magnétique. Or cette condensation est le résultat de
l'effet statique des aimants, comme nous l'avons dit. C'est
par la même raison, que d'après les expériences de sir Snow
Harris, un aimant cylindrique *creux* devient à peu près
inerte, aussitôt qu'on a introduit à son intérieur un cylindre
de fer doux.

L'expérience fort curieuse que M. Fizeau a communiquée
dernièrement à l'Académie, sur la manière de stimuler l'énergie des courants d'induction dans l'appareil de Rumkorff,
nous montre l'effet que peut exercer un condensateur sur
des courants analogues quant à leur création au courant
magnétique des aimants. L'appareil de Rumkorff se compose
principalement, comme on le sait, d'un fil *inducteur* roulé

en spirale et d'un fil *induit* très fin qui recouvre le premier, mais qui en est isolé par une couche de gomme laque. Lorsque le courant voltaïque passe par le premier de ces deux fils et se trouve interrompu à des intervalles très rapprochés à l'aide du mécanisme de De La Rive, un double courant d'induction prend naissance : l'un, le plus interne, circule dans le fil fin, l'autre, appelé *extra-courant*, est créé dans le circuit même du courant voltaïque. C'est ce dernier qui donne à l'étincelle de l'interrupteur cet éclat si brillant qui, en raison de la fréquence des interruptions, paraît être continu. Or il résulte des expériences de M. Fizeau qu'en faisant communiquer avec les deux lames d'un condensateur, les deux extrémités du fil inducteur prises de chaque côté du point d'interruption, on détruit presqu'entièrement cet extra-courant. Par cela même, le courant induit dans le fil fin, devient plus énergique, parce qu'on évite les réactions d'induction de cet extra-courant, qui se manifestent sur le fil induit en sens inverse de celles du courant voltaïque. Effectivement, aussitôt les communications avec le condensateur établies, l'étincelle de l'interrupteur a presque disparu, et les commotions résultant de l'extra-courant n'existent plus; au contraire, le courant induit a pris une tension si considérable que les étincelles qu'on provoque s'échangent à une distance presque deux fois plus grande.

Ainsi par le seul fait du condensateur, le courant d'induction créé dans l'hélice voltaïque se trouve paralysé pour faire place à un effet statique se manifestant comme dans les aimants, par une double attraction.

Dans un solénoïde ou aimant dynamique, pourquoi l'effet statique c'est-à-dire l'attraction sur le fer est-elle aussi faible? Parce que le magnétisme développé dans le fer ne réagit pas sur la substance du solénoïde qui n'est pas magnétique et a trop peu d'action pour arrêter le courant voltaïque, forcé de marcher par la *double action* opérée dans la pile.

Voici encore un autre exemple où les deux effets sont distincts et se succèdent :

Si l'on appuie sur l'un des pôles d'un aimant puissant une barre d'acier un peu large et placée de champ, on constatera sur *toute la périphérie* de cette barre tout aussi bien aux extrémités qu'au point milieu correspondant au pôle de l'aimant, un magnétisme de même nom que celui de ce pôle, et cette répartition du magnétisme aura lieu tout le temps que la barre d'acier sera en contact avec l'aimant. Ausssitôt que cette barre sera enlevée, un point conséquent se manifestera en son point milieu, et ce point conséquent sera de nom contraire à celui du pôle qui l'a fait naître, tandisque les deux extrémités de la barre auront deux pôles de même nom. Dans ce cas, les fluides magnétiques se sont trouvés condensés au point de contact de l'aimant et de la barre, et les fluides repoussés se sont trouvés refoulés dans toutes les *directions opposées*, de telle sorte qu'après la cessation de la cause condensante ils ont pu constituer un double courant magnétique en sens inverse l'un de l'autre.

Si à ces exemples, on joint ceux bien connus de l'aiguille aimantée attirée par un aimant plus puissant, bien que des pôles semblables soient en présence, lorsque la distance est très petite, et du magnétisme déplacé dans un aimant sous l'influence d'une armature placée longtemps auprès d'elle (1), on pourra se convaincre de la différence des deux effets signalés.

(1) Voir mon Mémoire, sur cette question, inséré dans les *Comptes rendus* du 28 février 1853.

# NOTE

## Sur les effets qu'exercent les courants

*de différentes tensions et de sens différents,*

### Sur les corps magnétiques.

Tous ceux qui se sont occupés de l'électricité voltaïque, ont pu remarquer l'action moléculaire exercée par les courants sur les corps conducteurs qui entrent dans leur circuit, surtout quand ils se trouvent fréquemment interrompus. Ainsi, un ressort de cuivre rouge servant de commutateur à un moteur électro-magnétique, devient dur et cassant comme s'il avait été trempé. Un fil de cuivre fin dans lequel passe continuellement un courant, s'oxyde à tel point, quand il est exposé à l'humidité, qu'au bout de peu de temps il n'est plus susceptible de conduire l'électricité, et se casse comme du verre.

L'électricité dynamique en agissant donc d'une manière continue sur les fluides moléculaires des corps, leur donne une espèce de trempe qui modifie l'état, l'arrangement ou les réactions attractives réciproques des molécules qui les composent. Pareil effet se produit sur les corps magnétiques sous l'influence du courant qui les constitue aimants. Mais, cet effet se manifeste principalement dans leur action magnétique. Ainsi, il existe une différence notable entre le poids porté par un électro-aimant qui n'a pas encore servi, et le poids supporté par le même électro-aimant lors d'une seconde expérience, en employant pourtant dans les deux cas, la même force électrique et la même armature. Avec certains fers et des électro-aimants creux, cette différence est telle, qu'un électro-aimant portant 120 kilog. sous l'induction du courant d'un seul élément de Bunzen, au moment d'une première expérience, n'en portait pas 100, lors d'une deuxième expérience faite huit jours après, avec une pile peut-être même encore plus énergique. Mais, cet affaiblissement est bien loin de répondre à celui qu'éprouvent les électro-aimants, quand on leur a fait subir une aimantation considérable au moyen d'une très forte pile, et qu'ensuite on surexcite leur action magnétique avec une pile beaucoup plus faible. On pourra en avoir une idée par les chiffres suivants :

Un électro-aimant portait 160 kilog. avec un seul élément de pile lors d'une première expérience. Ayant été soumis au courant d'une pile de vingt éléments tous semblables au premier employé, puis essayé de nouveau avec un seul élément , il ne portait plus que 120 kilog. Tous les soins, d'ailleurs, avaient été pris pour que les deux éléments employés isolément dans les deux expériences pussent fournir un courant de même intensité.

Cette différence considérable m'avait fait penser que peut-être le fil de mon électro-aimant n'était pas parfaitement isolé, et qu'une secousse pouvait avoir établi dans la seconde expérience un contact qui n'avait pas eu lieu dans la première, Mais je ne pus méconnaître la réaction qui fait l'objet de cette note, quand après avoir appliqué à l'un de mes moteurs une force plus considérable que celle que j'employais ordinairement pour obtenir un effet donné, je revenais à cette première force. Il fallait en effet, presque doubler cette dernière, c'est-à-dire, employer quatre éléments pour obtenir l'effet mécanique qu'avaient fourni, dans l'origine, deux éléments seulement.

Ces différentes remarques m'ont conduit à faire des recherches sur les lois de ce décroissement de force magnétique avec l'accroissement des forces électriques, et j'ai constaté :

1° Que cet affaiblissement variait avec la nature des fers, et peut-être aussi avec la grosseur des fils.

2° Qu'il n'était pas proportionnel à l'augmentation des forces électriques, mais diminuait dans une proportion irrégulière, en sens inverse de l'accroissement normal de la force des électro-aimants.

3° Que l'effet dynamique, c'est-à-dire, l'action du courant voltaïque sur le courant magnétique créé dans le fer, subissait moins énergiquement cet affaiblissement. Ainsi, mon moteur à hélices oscillantes fondé sur ces réactions dynamiques n'avait pas eu sa marche à beaucoup près autant altérée que les autres moteurs.

Ces différentes expériences montrent donc que l'aspiration magnétique ayant été une fois produite, puis interrompue, une partie du magnétisme développé a réagi sur l'attraction moléculaire du corps magnétique, et s'est combinée avec elle pour contituer un magnétisme rémanent peu sensible au dehors, mais considérable à l'intérieur du corps. (1) Voici deux autres faits qui semblent venir à l'appui de cette hypothèse :

Deux horloges électro-magnétiques de M. Paul Garnier,

---

(1) C'est précisément cette augmentation dans la cohésion, qui peut expliquer la dureté survenue sous l'influence du courant, que j'ai signalée au commencement de cette note

fonctionnaient ensemble sous l'influence d'un même courant
(quatre éléments de Daniell). Les différentes pièces avaient
été réglées pour que la résistance à l'action de l'électro-
aimant fût la moindre possible, mais suffisante pour vaincre
le magnétisme rémanent au moment de chaque interruption.
Une troisième horloge ayant été interposée dans le circuit,
et, par conséquent la tension électrique ayant été diminuée,
les deux premières horloges se sont trouvées arrêtées, non
parce que le courant était trop faible, mais parce que le
magnétisme rémanent était devenu plus fort, comparativement à la force agissante. D'après cela on voit que le magnétisme rémanent dépend de la force qui l'a surexcité, et qu'il
devient pour ainsi dire une quantité constante pour toutes
les forces qui sont au-dessous.

D'un autre côté, un électro-aimant qui a été soumis à
l'action d'un courant fréquemment interrompu par un commutateur à renversement de pôles, conserve beaucoup moins
le magnétisme rémanent qu'un électro-aimant dont le courant a toujours été interrompu dans le même sens. Il faut
donc que l'action du courant sur l'attraction moléculaire ait
fourni dans ce cas une résultante différentielle qui devient
alors ce coefficient constant dont nous avons parlé.

Quoi qu'il en soit, l'action de l'électricité sur la *nature
intime* des corps simples ne peut être mise en doute, et si
les faits précédents ne suffisaient pas pour qu'on en fût
convaincu, je n'aurais qu'à rappeler que le fer peut être
rendu *passif* ou *actif* sous l'influence du courant suivant la
manière dont celui-ci agit sur lui, que l'oxigène peut
acquérir une activité chimique particulière et devenir de
l'ozone quand il résulte d'une décomposition opérée par le
courant. Par contre, la disposition moléculaire des corps
peut modifier les actions électriques, et le dia-magnétisme

en fournit des preuves bien convaincantes, puisqu'un corps qui sera magnétique, c'est-à-dire attiré par un aimant lorsqu'il sera dans tel milieu, deviendra dia-magnétique ou sera repoussé quand il sera dans un autre milieu.

# EXPÉRIENCES



SUR

## LES RÉACTIONS MAGNÉTIQUES DES COURANTS

SUIVANT LA NATURE DE LA PILE

ET LA COMPOSITION DU CIRCUIT,

L'intensité des co rants croît, comme tout le monde le sait, proportionnellement à la section des conducteurs et en raison inverse de leur longueur; mais elle est, à partir d'une certaine limite, indépendante du nombre d'éléments dont la pile est composée quand ceux-ci sont réunis en série. La tension électrique, au contraire, dépend essentiellement de ce nombre, mais en revanche elle est indépendante de la surface de ces éléments. D'après cela, on pourrait conclure, qu'en employant un fil gros et court, on devrait surexciter plus énergiquement les propriétés magnétiques d'un électro-aimant, pourvu que celui-ci présentât une surface assez développée pour ne pas trop éloigner du fer les différentes spires de l'hélice voltaïque. La question pourtant est loin d'être aussi simple et la nature des réactions magnétiques produites dépend:

1° De la force et de la nature de la pile employée; 2° De

l'effet que l'on cherche à obtenir; 3° De la composition du circuit; 4° De la nature du fil des électro-aimants. On peut cependant conclure d'une manière générale que la grosseur du fil à employer pour des électro-aimants doit être en rapport avec *la quantité d'électricité produite dans un temps donné par la pile*, et que *sa longueur* ou sa résistance doit dépendre *du nombre d'éléments en série*, que l'on veut employer.

Pour démontrer la première condition de force des électro-aimants, je n'aurais qu'à rappeler que pour une faible pile comme celle de Daniell, un fil un peu gros produit une force électro-magnétique beaucoup moindre que ne le ferait un fil fin, ce qui est reconnu par tous ceux qui ont expérimenté. Mais voici une expérience beaucoup plus concluante : un élément de Bunzen dans *toute sa force* ayant pu faire porter un poids de 15 kilog. à une électro-aimant enroulé de 6 tours de fil de 2 millimètres de diamètre, lorsqu'il n'en faisait porter que 12 à un électro-aimant semblable, entouré de 8 tours de fil d'un milli., ne faisait plus porter au premier, lorsqu'il était un peu usé, que 10 kil. pendant que le second n'avait subi comparativement qu'une très légère diminution dans son effet attractif.

On comprend d'ailleurs qu'il doit en être ainsi : car, de même qu'une batterie électrique ou une bouteille de Leyde doit avoir une grandeur proportionnelle à la machine qui doit être employée, de même que l'armature d'un électro-aimant doit avoir une grosseur en rapport avec la force magnétique qui doit agir sur elle pour qu'elle ne soit pas chargée d'un poids inutile, de même le fil conducteur d'une pile doit être en rapport avec la force de cette pile si l'on veut profiter de la multiplication des spires et surtout de leur proximité du fer.

. C'est donc une question d'appréciation qui dépend de la

nature et de la grandeur des éléments de la pile employée.

Voici comment M. Liais, à qui j'ai communiqué ces deux faits, les rattache à la théorie mathématique des courants :

« *1° Pour une faible pile comme celle de Daniell, un fil un peu gros produit une force électro-magnétique beaucoup moindre qu'un fil fin.*

« Il est facile, en effet, de voir par la théorie des maxima que le diamètre de fil qui donnera l'effet maximum, est égal à la racine quatrième du rapport du poids du fil employé au poids du fil de même nature et de diamètre 1, qui représenterait la résistance de la pile. Quand cette résistance augmente, le diamètre qui produit l'effet maximum diminue donc.

« *2° Un électro-aimant dont le fil conducteur est gros et court, éprouve quand la pile use, une réduction proportionnellement beaucoup plus forte qu'un électro-aimant dont le fil est long et fin.*

« En effet, soient $r$ la résistance de la pile fraîchement chargée, $r'$ la résistance de la pile usée, $l$ la longueur de fil de section 1 qui représente la résistance du fil gros et court, $l'$ celle qui représente la résistance du fil fin et long, $k$ le nombre des spires sur le premier électro-aimant, $k'$ ce nombre sur le second.

« L'intensité magnétique dans le premier électro-aimant avec la pile fraîchement chargée sera proportionnelle à $\dfrac{k}{l + r}$. Avec la pile usée, elle sera $\dfrac{k}{l + r'}$. Le rapport de ces deux quantités est $\dfrac{l + r'}{l + r}$, et ce rapport est celui des poids supportés par l'électro-aimant avec la pile fraîche et la pile usée.

Pour l'autre électro-aimant, ce rapport sera de même $\dfrac{l' + r'}{l' + r}$. Si au numérateur et au dénominateur de la fraction

$\dfrac{r'}{r}$ plus grande que l'unité, nous joignons un même nombre, nous la rapprocherons d'autant plus de l'unité que ce nombre sera plus grand ; or, $l'$ est $> l$, donc le rapport des poids supportés est plus voisin de l'unité dans le second cas que dans le premier, et, par conséquent, un électro-aimant dont le fil est gros et court épreuve, quand la pile use, une réduction dans sa force proportionnellement plus grande qu'un électro-aimant dont le fil est fin et long. »

On pourra apprécier sous son véritable point de vue la seconde condition par l'exemple suivant :

Un grand électro-moteur (pesant 500 kil.) que j'ai fait construire d'après mon dernier système, c'est-à-dire en le fondant sur l'attraction exercée dans le sens équatorial par la résultante axiale des électro-aimants sur l'axe de leurs armatures, avait deux systèmes d'électro-aimants qui fonctionnaient alternativement au nombre de quatre chacun ; le fil qui les entourait avait 4 millim., et le circuit total était de 460 mètres. Cinq éléments ( petit modèle Bunzen) suffisaient pour le mettre en marche ; mais en ajoutant à la pile dix éléments de plus, il n'avait pas acquis une force sensiblement plus considérable.

Il résulte de là que la résistance du circuit ou sa longueur était suffisante pour donner à cinq éléments de pile le maximum de force électro-magnétique qui était en rapport avec leur puissance, mais que cette résistance n'était plus assez grande pour correspondre avantageusement à une tension électrique plus considérable. Il en est en effet de la tension des courants comme de leur intensité : *après une certaine limite* dans l'accroissement de la force électrique, la résistance est vaincue ; par conséquent, si la longueur du fil reste la même, ce qu'on ajoute à la tension de la pile est en pure perte, de même que ce dont on renforce son intensité par l'agrandissement de sa surface, quand on n'augmente pas la section des conducteurs. Ainsi, lorsqu'on veut augmenter à volonté la force magnétique par le renforcement de la pile, il faut employer du fil un peu fin et d'une très grande longueur. Par réciproque, quand on veut agir avec le moins d'électricité possible, il faut employer un fil gros et court, en le proportionnant toutefois à la *nature* de la pile et à la manière dont on la dispose.

La composition du circuit influe aussi sur la force électro-magnétique, et l'expérience curieuse que je vais rapporter, peut trouver son explication dans la discussion des formules des courants dérivés.

Pour faire fonctionner les cadrans compteurs distribués en différentes places de son atelier, M. Paul Garnier prend ses dérivations du courant sur une artère principale composée de fils de cuivre de grosse section, qui parcourent les ateliers dans toute leur longueur. 3 de ces cadrans pouvaient à peine être mis en marche avec 6 éléments de Daniell lorsqu'ils se trouvaient échelonnés : l'un au milieu du circuit, l'autre un peu avant celui-ci, et le troisième à l'extrémité de l'artère la plus éloignée de la pile. En augmentant alors la résistance du circuit dans l'artère, et cela en y interposant un fil de fer très fin, représentant, en raison de sa moindre section et de sa moindre conductibilité, 800 mètres du fil de l'artère, les 3 cadrans fonctionnaient non-seulement avec beaucoup plus de facilité, mais on a pu même supprimer 3 éléments à la pile sans altérer leur marche.

Si on analyse cette expérience dans ces différents détails, on pourra très facilement se rendre compte des effets que nous venons de signaler.

En effet, les circuits dérivés allant à chaque cadran représentent en raison de leur plus petite section une longueur de plusieurs mille mètres du fil de l'artère; le courant arrivant donc à la première dérivation se bifurque, et comme la résistance de cette dérivation et de l'intervalle de dérivation est à peu près la même, le courant tend à se partager également entre les deux. Il est donc affaibli de moitié dans l'artère quand il arrive à la seconde dérivation; là il se partage de nouveau, de telle sorte que, dans les deux cadrans restants, le courant n'a plus qu'un quart de l'intensité qu'il aurait eue sans les dérivations.

En augmentant la résistance de l'artère, on affaiblit, il est vrai, l'intensité du courant dans le dernier cadran ; mais en l'augmente dans les autres en forçant l'électricité à suivre de préférence le chemin le plus court, qui est alors le fil des différentes dérivations.

C'est par la raison inverse que, sur une ligne télégraphique présentant une grande résistance, il faut éviter de faire les dérivations trop près de la source électrique, ou que, si on les fait, il faut employer un fil très fin et très long, afin que le courant ne passe pas entièrement par la dérivation.

Il en est de même des points d'attache des dérivations. S'ils sont trop rapprochés, le courant passe presque entièrement par l'intervalle de dérivation, et le courant dérivé est réduit à presque rien.

Toutes ces conditions d'intensité des courants qui ressortent de la discussion des formules des courants dérivés, peuvent néanmoins être modifiées suivant qu'on fait varier la grosseur et la conductibilité des conducteurs; mais elles peuvent être prévues en faisant entrer ces divers éléments dans les formules.

Les circuits greffés issus de sources électriques différentes présentent des effets non moins étonnants, et il peut arriver que deux courants, marchant en sens inverse dans un conducteur commun, fournissent un maximum d'effet magnétique, tandis qu'au contraire, ils affaiblissent cet effet en marchant dans le même sens.

Supposons, par exemple, que deux circuits issus de deux piles différentes aient un conducteur commun constituant isolément la moitié de leur parcours ; supposons encore que dans chacun d'eux soit interposé un électro-aimant : si les deux courants marchent ensemble dans le conducteur commun, il arrive qu'au point d'attache des pôles correspondant des deux piles avec ce conducteur, les deux courants se bifurquent, et comme celles de ces bifurcations qui passent à travers la partie du circuit qui ne leur appartient pas, sont en sens inverse du courant de ce circuit, elles l'affaiblissent plus ou moins suivant que le conducteur commun est plus ou moins long. Au contraire, quand les deux courants marchent en sens inverse l'un de l'autre dans le conducteur commun, les bifurcations dont nous venons de parler, ne contribuent qu'à renforcer les deux courants à travers les électro-aimants.

La quatrième condition, c'est-à-dire la nature des fils des électro-aimants, n'existe que pour un seul cas, celui où le fil inducteur est en fer. Il se manifeste alors une réaction secondaire entre le fer devenu aimant sous l'influence du courant et le fer à l'état naturel dont se compose le conducteur : elle a pour effet de placer le fer électro-aimant dans les conditions d'un aimant muni de son armature. Il en résulte que le courant magnétique est, pour ainsi dire, paralysé. Aussi, un fer qu'on introduirait dans une bobine entourée d'un pareil fil, n'est-il pas entraîné comme dans le cas où cette bobine est recouverte de fil de cuivre ; et l'aimantation communiquée à ce fer lui-même, est-elle infiniment moins énergique.

# Table des Matières.

FIN.

# EXPOSÉ

# DES APPLICATIONS

## DE L'ÉLECTRICITÉ.

Imp. de **FEUARDENT**, rues des Corderies et Tour-Carrée, à Cherbourg.

9 782329 380216